L'univers

et ses trous

L'Univers

et ses trous

Richard Mattout

richardmattout@hotmail.com

© 2024 Richard MATTOUT
Édition : BoD – Books on Demand, info@bod.fr
Impression : BoD – Books on Demand, In de
Tarpen 42, Norderstedt (Allemagne)
Impression à la demande
ISBN : 978-2-3225-2063-3
Dépôt légal : Janvier 2024

Dédié à mes enfants
Henri-Olivier, Anna et Gabriel
et à ma femme   Flavie

L'Univers, l'immensité de l'univers, de notre monde, de la Nature qui nous entoure. Mon univers est-il le tien ? Y-a-t-il des éléments de l'univers qui soient universellement reconnus?

Nous exposerons les rudiments de quelques modèles d'univers qui ont été proposés par des scientifiques (ch 1) avant de décrire les principales propriétés et l'évolution de l'univers découlant du modèle retenu (ch2) et de donner un aperçu de l'univers vraiment observé (ch3) avec un complément concernant les trous noirs (ch 4), des déchirures de l'univers ?.

Table des matières

Notations

a.l. année lumière

$$1a.l. = 360*24*60*60*s*300\ 000\ km/s$$
$$= 9,3*10^{12}\ km= 9\ 331\ \text{milliards de km}$$

c: constante de la vitesse limite =3000 000 km/s

d: densité ou masse volumique ;

d: distance

D ou dim : dimension 2D =dim 2

dt, dX : durée infinitésimale, quantité X infinitésimale

e: électron ou sa charge

E ou $\mathcal{E}$: espace

E: énergie

ET ou *$\mathcal{ET}$* espace-temps ETM : espace-temps-matière

eV : électronvolt   1 eV=$1,6.10^{-19}$ J

G. : milliard   G.a. milliard d'années

G: gravité terrestre = 9,81 m.s^{-2}

$\mathcal{G}$ gravité universelle, constante de gravitation

$$\mathcal{G} = 6,676\ m^3.kg^{-1}.s^{-2}$$

H: atome d'hydrogène, H_2 : molécule d'hydrogène

He: atome d'hélium

^{Pl}h: constante de Planck   *$^{Pl}h\ /2Pi\ =\ 10^{-34}\ J.s$*

k : kilo   = 1 000

K : ° Kelvin

L : dimension d'une longueur

M. million   1 000 000 M.a. million d'années

M: masse ; MT masse de la Terre, MJ de Jupiter, MS du

          soleil ; ^{U}M de l'univers

1 parsec = 3.26 a.l.   =$2.2\ 10^{13}$ km

P.Q. :Physique quantique

R.G. Relativité générale

R.R. : relativité Restreinte

T temps, T_d durée ou $\mathcal{T}$

°T température

T Q : Théorie quantique des champs

10^n = 1 suivi de n 0 ; 10^3= 1 000 ; 10^9=1 000 000 000

10^{-n} =0, suivi de (n-1) 0 et de 1; 10^{-1} =0,1;10^{-6}= 0, 000 001

LR x-y : La Recherche N°-année

PLS x-y : Pour la Science N°-année

SV x-y : Science et Vie N°-année

Je me suis beaucoup inspiré, comme d'habitude, de mes lectures dans les **revues scientifiques de vulgarisation** citées plus haut et dans certains livres comme

Bolloré Bonnassies   Dieu , les Preuves *Trenadiel 2021*

R Mattout Le Temps en questions ? *Bod 2023*

J'ai aussi écrit, sous la même inspiration de vulgarisation de résultats scientifiques :

R Mattout Petite introduction à la Physique Quantique *Bod 2022*

R Mattout La Vie ? de la matière à l'esprit et la conscience *Bod 2023*

R Mattout   Qui es-tu matière ?   en cours d'édition

Introduction

D'où vient l'Univers ?

 De tout temps les hommes se sont forgé des représentations du Monde, auquel ils appartiennent, par des descriptions mythiques, philosophiques, religieuses ou scientifiques, et ils se sont beaucoup posé de questions métaphysiques sur son origine, sa consistance, sa destinée

Des récits de cosmogonie, « science » de la formation de l'Univers, sont rapportés, par des religions et quelques penseurs, comme des *mythes* fondateurs de civilisations. Ayant toujours existé ou sorti « *ex-nihilo* » du Néant, ou œuvre d'un ou plusieurs dieux, l'univers serait issu d'un chaos primordial, après luttes infernales entre petits dieux, le monde ayant pu être renouvelé une ou plusieurs fois, l'eau symbolisant la pureté ou l'origine, l'arbre symbolisant la vie. [1]

Pendant longtemps, et à partir du moment où l'horizon de l'homme préhistorique s'est élargi, la Terre, notre planète, a été considérée comme le centre de l'univers. Tel par exemple le modèle de *Ptolémée* Et il a fallu des siècles pour que l'héliocentrisme prévale sans pour autant que notre monde

---

[1] Des Dieux : Noun ou Ptah en Égypte antique, Tiamat et Apsu en Mésopotamie, Chronos en Grèce, Vishnou, Shiva et Brahma en Cosmogonie hindoue, Ymir le premier géant de la cosmogonie nordique : toutes ont donné ensuite de nombreux petits dieux avant que des hommes naissent. Yahvé ou Dieu ou Allah est le dieu Un pour les monothéistes Les Hommes Éclairs de la cosmogonie aborigène sont de simples ancêtres .Les Aztèques ont des dieux qui ont créé successivement cinq mondes, au cours du dernier il y aurait eu un déluge universel.

reste fini, fixe et immuable alors autour du Soleil .Les astronomes pensent *jusqu'en 1920 !* que les étoiles visibles de la voie Lactée sont à la périphérie d'une sphère où se trouve, au centre, le Soleil, avant, enfin, qu'on admette que les étoiles puissent être en « dehors ».

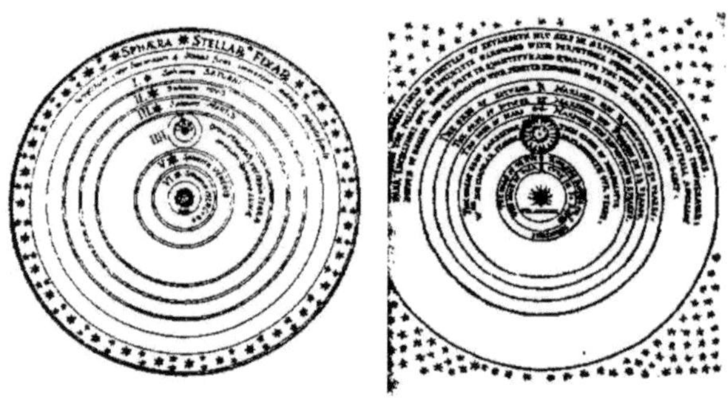

Il fallait alors se poser la question :

Qu'est-ce que l'Univers ?

Pour appréhender avec raison le monde physique, il faut le voir comme une sorte de monde abstrait, intellectuel, un paradigme comme celui de la physique newtonienne ou celui de la chimie **d'après Le Bihan PLSHS 112**

Ainsi pour *Shakespeare* « le monde entier est un théâtre »…une <u>scène, espace constitué de rien de matériel, où entrent en **action** les forces (l'énergie) et la matière.</u>**PLS475** Quelles sont taille et forme de la scène ? Quel est le contenu de la pièce, son intrigue ?

Alors, peut-être, existe-t-il un système de règles simples (comme celles du théâtre classique) donnant les clefs du développement du monde physique ? ….et qui pourrait, par exemple, être représenté par un tout petit programme de calcul? **PLS349**

Nous exposerons les rudiments de quelques modèles d'univers qui ont été proposés par des scientifiques (ch 1) avant de décrire les principales propriétés et l'évolution de l'univers découlant du modèle retenu (ch2) et de donner un aperçu de l'univers observé (ch3) avec un complément concernant les trous noirs (ch 4).

Modèle(s) d'univers

PLS246, PLS276, PLS 287, PLS 298, PLS 300, PLS 313

Les lois scientifiques, depuis Galilée, ont une portée universelle et sont <u>locales</u> : elles fonctionnent de proche en proche dans l'espace et le temps ; ce qui est vrai ici et maintenant est vrai à côté et tout à l'heure .Ces lois sont donc impuissantes à étudier l'ensemble <u>global</u> de l'Univers. Ainsi la science classique newtonienne n'a pas vocation à parler de l'univers puisqu'elle considère l'espace et le temps comme des absolus.

 Cela n'a pas empêché depuis lors, et même avant, à des philosophes, des écrivains très imaginatifs, des auteurs de science-fiction de proposer des descriptions d'univers plus ou moins fantasmagoriques. Ce qui a tout changé, c'est quand *Einstein,* en 1905, a montré que le temps et l'espace étaient liés ! Et que nous vivions dans un continuum de *4* dimensions parsemé de matière-énergie.

En effet notre vie personnelle, tout événement, tout objet est sur une ligne d'univers. Qu'est-ce à dire ?: l'objet nait à un <u>endroit-temps</u> et meurt à un autre <u>endroit-temps</u> de l'univers. Un endroit est lié à un temps et réciproquement, et la durée comme la distance sont relativisées : elles n'ont plus de valeurs universelles ! Je vis sur mon espace avec mon temps propre [2] qui n'est pas le vôtre si vous vous déplacez vite par rapport à moi et ce que je vois à un instant est ce qui existait il y a d'autant plus de temps que l'objet que je vois est éloigné de moi ! Ces quelques éléments de la Relativité Restreinte, *RR*, nous obligent à réviser nos conceptions d'univers d'autant plus

---

[2] Cf R Mattout Le temps en questions ?

qu'en 1915 *Einstein* expose sa Relativité Générale, *RG*. L'Espace-Temps, *ET*, ce continuum est modifié [3] par la présence de Matière *M*. Aller, sans contrainte, en ligne droite en présence d'une grosse masse c'est aller sur une géodésique[4] : la lune va tout droit sur une géodésique de la Terre et celle-ci tout droit sur une géodésique du système solaire, c'est-à-dire qu'elles tournent autour des masses plus importantes! La gravitation qui agit entre toutes masses (de l'atome ou plus petits, aux galaxies) modifie localement la géométrie de *l'espace qui agit sur la matière en lui disant comment se mouvoir, et réciproquement la matière agit sur l'espace pour lui indiquer comment se courber* Misner..

Une foule de modèles d'univers, tous à bases scientifiques, ont alors été proposés ; on en citera quelques-uns pour les situer un peu chronologiquement.

.

Expansion ou pas ? Premiers modèles :

Pour obtenir son 1[ier] modèle d'univers, en **1917,** *Einstein* introduit dans son équation de la Relativité Générale[5] *RG* une constante universelle pour décrire un <u>univers statique et fini</u> mais sans frontière dont la taille est immuable. La constante cosmologique Λ est là pour équilibrer l'énergie de gravitation qui, seule, aurait ramassé l'univers en un point (l'univers matériel se serait effondré sur-lui-même). L'univers devrait alors

---

[3] L'espace représenté par un maillage plan se creuse là où il y a de la matière
[4] Géodésique : la ligne de plus court chemin ; sans masse c'est la ligne droite
[5] $G_{\mu\nu} + \Lambda.g_{\mu\nu} = 8\pi.T_{\mu\nu}\, \mathcal{G}/c^4$; $G_{\mu\nu}$ courbure de E ; .$g_{\mu\nu}$: structure de E ; $T_{\mu\nu}$ énergie et impulsion de la matière et du rayonnement (énergie totale)

être éternel, homogène et isotrope en moyenne, sans aucune variation comme la position des étoiles « fixes » observées dans la Voie Lactée. L'univers serait une *hyper-sphère*[6] de rayon constant c'est-à-dire que nous vivrions dans un espace à *3 dim* qui serait la surface d'une sphère d'un espace à *4 dim*. Cette hyper-sphère est si grande que localement sa surface est plate, euclidienne. Sa structure et son évolution sont néanmoins différentes suivant que la densité d'énergie supposée dans l'univers est supérieure ou inférieure à une valeur critique et l'univers serait alors, selon le cas, infini ou fini.

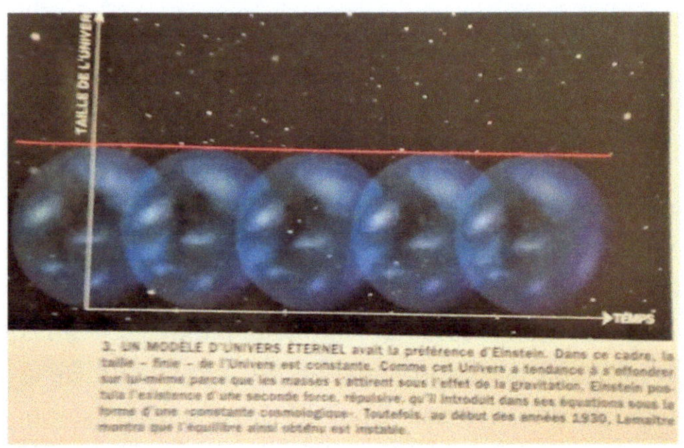

3. UN MODÈLE D'UNIVERS ÉTERNEL avait la préférence d'Einstein. Dans ce cadre, la taille – finie – de l'Univers est constante. Comme cet Univers a tendance à s'effondrer sur lui-même parce que les masses s'attirent sous l'effet de la gravitation, Einstein postula l'existence d'une seconde force, répulsive, qu'il introduit dans ses équations sous la forme d'une « constante cosmologique ». Toutefois, au début des années 1930, Lemaître montre que l'équilibre ainsi obtenu est instable.

PLS287

---

[6] Un point n'a pas de dimension; une ligne est de dimension *1* parce qu'à partir d'un de ses points, une coordonnée permet de placer tous les autres points ; une surface est de dimension *2* car deux coordonnées localisent tous ses points. En 3D, à partir d'un de ses points si on prend tous les points qui sont à la même distance, ils forment une *sphère*, une surface à 2dim, et tous les points qui se trouvent à l'intérieur forment un volume : une boule. En 4D, 4 coordonnées sont nécessaires pour localiser tous les points; l' *hyper-sphère* est un volume 3D.

16

Un modèle, sur les mêmes bases, est proposé par *de Sitter* mais infini et à densité de matière nulle.

Dès **1918** *L Bianchi*, partant de la *RG*, constate que *9* types d'univers sont possibles; l'univers de *Bianchi IX,* par exemple, aurait un <u>Big Bang</u> et un Big Crunch, un début et une fin; il serait anisotrope avec *3* facteurs d'échelle et l'approche des singularités (la fin et le début) se ferait de façon chaotique.

En **1920** *Friedman* montre qu'il n'y a que *3* types possibles d'univers en <u>expansion</u>: 1-un univers fini qui arrêterait son expansion quand il atteint sa densité critique[7], 2-un univers dont la densité est égale à sa valeur critique et dont l'expansion se ralentit en un temps infini, et 3- un univers infini de densité inférieure à la valeur critique et dont l'expansion se ralentit sans s'arrêter. À chaque type correspond une géométrie d'univers : plat, parabolique ou en selle de cheval.

À cette date *E Hubble* mesure la vitesse de fuite des galaxies, preuve de l'expansion universelle.

Big Bang ou pas ? Premières influences de la mécanique quantique

En **1920** *Kaluza et Klein* proposent une théorie unifiant gravitation et électromagnétisme avec un *ET* à *5* dim, la cinquième dimension se refermant sur elle-même en un cercle de rayon 10^{-35} *m*; et *Pauli* émet l'idée que le vide n'est pas vide: il correspondrait à l'état énergétique le plus faible

---

[7] Densité critique : celle pour laquelle la géométrie est plate, euclidienne

d'un système, contiendrait des oscillations potentielles, des particules virtuelles qui représentent de l'énergie.

Dans les années suivantes (*22-24*) *Friedmann* et *Lemaître* montrent que tous les univers homogènes et isotropes doivent être en <u>expansion</u> et avoir un passé très dense et chaud. D'où la prévision de l'existence d'un fonds cosmologique diffus.

En 1927 *Lemaitre* commence par proposer un univers qui croitrait exponentiellement; donc en évolution et éternel, sans commencement ni fin.

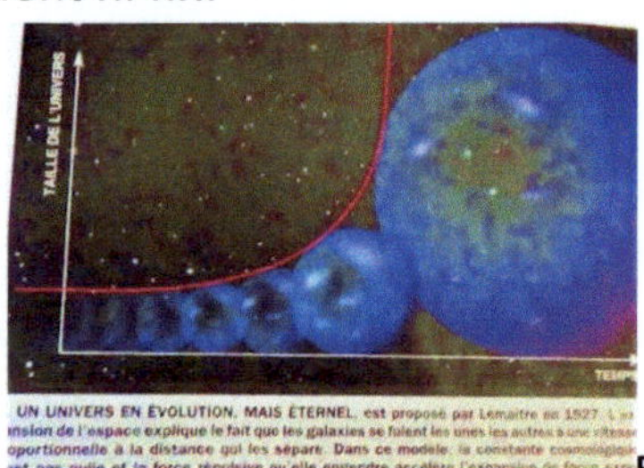

UN UNIVERS EN ÉVOLUTION, MAIS ÉTERNEL, est proposé par Lemaître en 1927. L'expansion de l'espace explique le fait que les galaxies se fuient les unes les autres à une vitesse proportionnelle à la distance qui les sépare. Dans ce modèle, la constante cosmologique n'est pas nulle et la force répulsive qu'elle engendre accélère l'expansion de façon exp **PLS287**

Les signes de l'expansion de l'univers connus rendant la constante cosmologique inutile *Einstein* tente de construire, sans elle, un modèle d'univers éternel où la matière aurait été créée en continu, la densité de matière constante déterminant alors l'expansion. C'est là un univers stationnaire, dynamique mais immuable (comme un mouvement uniforme rectiligne). Mais il y avait une erreur de calcul !

En *1933 Lemaitre* montre que <u>la singularité initiale</u> qui existe pour un univers isotrope persiste même pour un univers anisotrope. Il émet l'hypothèse de *l'atome primitif* qui se désintègre en particules plus élémentaires, et une évolution de l'univers en trois phases. La constante cosmologique, non nulle, et celle de *Hubble* mesurant le taux d'expansion sont deux grandeurs importantes de l'uivers.

En ***1950*** *Gamow* prédit l'existence d'un plasma primordial (un gaz à l'équilibre thermique où les électrons sont enlevés aux atomes); pression, température et masse volumique tendent vers l'infini quant t tend vers 0. L'univers primordial serait composé de rayonnement de photons, d'électrons et protons. Les photons ne pouvant pas se propager, on ne peut rien observer dans ce plasma. Il y a bien une singularité de début d'univers.

Dans les années ***60*** un modèle stationnaire est proposé par *Hoyle, Bondi* et *Gold* à l'encontre des modèles expansionnistes mais il sera vite invalidé. C'est *Hoyle* qui en se moquant de la théorie de *Lemaître* parle pour la première fois de Big Bang !

Penrose et *Hawking* démontrent que la singularité initiale (ouverte) persiste si l'univers, quel qu'il soit, est rempli suffisamment de matière et énergie et qu'il existe des singularités fermées, les **trous noirs**. Ils confirment ainsi que l'univers n'est pas stationnaire mais **en expansion** et qu'il y a eu un **Big Bang**. La théorie du Big Bang (1940-60) se met en place.

Jacob *Zeldovich* fait le lien entre <u>énergie noire et constante cosmologique</u> et admet que l'énergie du vide est immuable.

En *1965 Penzias* et *Wilson* découvrent les preuves directes du passé chaud de l'univers. Un plasma rayonnant comme un « corps noir »[8] à *3 000°K* émet des ondes qui nous

---

[8] Cf figure page 50

arrivent sur Terre, après expansion de l'univers jusqu'à nos jours, sous forme de micro-ondes à une température de *2,78°K* et toujours un spectre de fréquence de « corps noir ». C'est le fond cosmologique.

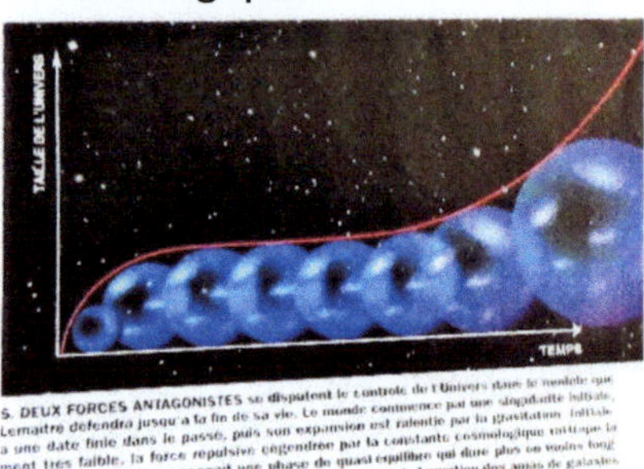

PLS287

D'autres interprétations de la Physique quantique, et/ou l'hypothèse d'un univers infini homogène mènent aux *multivers*.

PLS

Au-delà de notre univers observable grand mais fini (la vitesse de la lumière est finie), dans l'infinité de l'immensité et de la matière, en effet, des univers « parallèles » pourraient exister, et même certaines copies être conformes au nôtre ! Il pourrait y avoir plusieurs multivers, univers multiples de niveau *1,2 3 ou 4* **PLS 308** (et qui expliquerait le boson de Higgs) **PLS 339**

Il y aurait ainsi autant de mondes que d'opportunités offertes par la *théorie Quantique* grâce à la possibilité de superpositions infinies d'ondes représentatives de la matière!

On pourrait dire que c'est une interprétation farfelue, mais… Néanmoins c'est « notre » monde qui nous intéresse et c'est là qu'on aimerait avoir des prédictions précises !

Depuis**1968** les nombreuses théories des cordes et super-cordes tentent de résoudre l'état primordial en introduisant des « cordes » de longueur 10^{-35} *m* dans un espace à *25 dim*, ou à *9 dim* ou même, plus tard de façon plus précise, à *11dim* d'espace dont *6* «compactées », ou infinies; mais , par exemple, elles n'expliquent pas, pour certaines, l'hélicité gauche dans la matière fondamentale On est passé aux Membranes , au p-branes, aux D-membranes. La Théorie M est toujours inachevée.

Misner montre *en 1970* que l'approche d'une singularité peut se faire en simulant la trajectoire d'une bille (l'univers) sur un billard de forme adéquate : chaque portion de trajectoire correspond à une « ère » de *Kasner* de l'univers.

Hartle-Hawking montrent qu'on pourrait échapper à la singularité initiale en proposant un univers sans bord et en introduisant un temps imaginaire !

Le **Modèle standard de la physique des particules** (construit entre *1960-1973*) comporte 17 paramètres avec des valeurs précises à *32* décimales pour bien expliquer les interactions fondamentales! L'univers y est à *4dim* : *3* d'espace, *1* de temps; à grande échelle il est homogène et isotrope. Le modèle standard unifie interaction électromagnétique et forces nucléaires aux <u>origines de</u>

l'univers (théories *ChromoDynamique Quantique et Electrofaible*) et décrit les éléments fondamentaux de la matière   C'est le modèle le plus consensuel à l'heure actuelle bien qu'en voie de compléments …

Mais, comme le remarque *Magueijo*, on peut se poser des questions à son sujet: les *constantes* universelles c , ^{Pl}h , G et e sont-elles vraiment constantes? Et *si c* avait été plus grand pendant l'inflation?   La valeur de ^{Pl}h résulte d'une hypothèse non vérifiée totalement: la loi de gravitation de *Newton* (vérifiée seulement aux grandes distances et pour un espace *3D*) …

Alors, depuis, on est à la recherche d'autres modèles.

Inflation ou pas ? Autres influences de la Physique quantique

En **1980** A *Guth* introduit en effet l'ère d'inflation de l'univers dans le modèle. Une ère ; très courte très proche du Big Bang pendant laquelle l'expansion a été extraordinaire

D'après des théories quantiques, par exemple celle de la gravité quantique à boucles imaginée en *1980* par A *Ashtekar, Rovelli, Smolin…* pour quantifier la gravitation par reformulation de la relativité générale, l'univers serait un *E-T* qui n'est plus lisse à toutes les échelles mais qui peut avoir une structure discontinue, être formé de cubes élémentaires de 10^{-105} m^3 chacun et constituant une "mousse" d'*E-T-M* évoluant avec le temps de Planck ^{Pl}t. Avec les prédictions de *Prigogine l'Univers créé est recréé de temps à autres en injectant de l'entropie.* Pourquoi cette durée de re-création ne serait-elle pas celle du temps de Planck? La théorie des boucles prévoit la propagation des gravitons et enlève la singularité du Big Bang en le remplaçant par un <u>goulet d'étranglement</u> à densité finie. La structure granulaire de *E-T-M* empêcherait son effondrement à 10^{90} kg.m^{-3} mais prévoit bien la phase d'inflation quantique de 10^{-38}s à l'origine de l'Univers

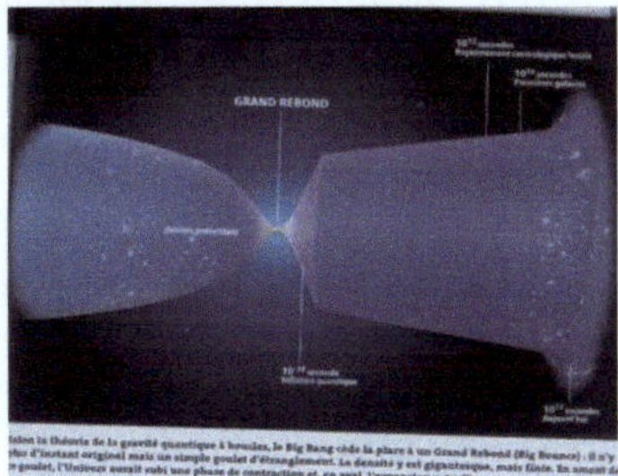

PLS

. D'autres théories envisagent, pour le grain, un espace qui pourrait avoir *12* ou *21* dimensions et il y aurait au moins *2* dimensions temporelles!

L'inflation a fait des émules. On est passé au champ d'inflation ou *inflaton*, à des inflations successives, à une inflation ouverte permettant des *univers bulles* avec création de Big Bang . **PLS 257**

Comme on ne trouve pas de matière noire la gravitation ne serait pas en $1/d^2$(équation de *Newton*). *M. Milgram*, en 1983 met au point le modèle *Mond* ; c'est une intuition géniale qui n'a plus besoin de matière noire, mais n'est pas une théorie **LRSV 900**

Ces théories sont en cours de développement ou relativement abandonnées à ce jour.

En **1998** deux équipes rivales d'expérimentateurs sont parvenues à la même conclusion quant à l'ampleur du ralentissement attendu de l'expansion : il n'y avait pas de ralentissement mais une accélération !et cela grâce à l'énergie noire. PLS 555

En **2000** les mesures plus précises du <u>fond cosmologique</u> montrent que l'univers est très plat, et vérifient la théorie de **l'inflation primordiale**. L'inflation aurait pompé de l'énergie du vide pour produire des gravitons et antigravitons de grandes longueurs d'ondes (de *1cm à 10^{23} km* ! alors que les ondes électromagnétiques ont des longueurs d'ondes < *1mm*)

En **2001**. *Caldwel* explique que l'énergie du vide est répulsive, se disperse à l'origine sous forme de brume quasi uniforme et est cause **<u>d'une expansion de l'univers qui s'accélère.</u>** Or si l'expansion s'accroit, le vide s'accroit et l'énergie du vide croît ! Le taux d'énergie du vide peut donc évoluer dans le temps, cette énergie pouvant passer sous celle de la matière (alors les atomes se créent à *$10^{-6}s$*) ou s'effondrer à *$10^{4}s$* (avant l'apparition du fond diffus) ou repasser peu à peu au-dessus de l'énergie matière (comme aujourd'hui) avec l'apparition de la vie et l'accélération de l'expansion de l'univers.

Pour *Perez Alimi* **(2002)** l'apparition du <u>chaos dans l'univers primordial</u> repousserait l'instant zéro au bout d'une chaîne infinie d'états distincts. Si nous remontons le temps nous verrions l'univers passer par une série d'états distincts impossibles à prédire avant d'atteindre le Big Bang. Mais les théories du fluide hyper-rigide et les théories des cordes le remettent en cause.

Dans le modèle de *Dirac-Milne* (2016)l'univers primordial est avec antigravité (effet du vide) et la nucléosynthèse dure 30 ans. Il n'y a pas d'inflation, mais bord d'inflation avec un horizon à distance infinie ce qui permet d'expliquer l'homogénéité de l'univers des *1^{iers}* instants, et l'asymétrie matière-antimatière existante avec très faible effet. L'antimatière survit confinée dans des nuages froids séparés de la matière par de grands vides ; il n'y a pas d'énergie noire ni de matière noire, et l'expansion est due à l'effet révulsif de l'antimatière **LR 883**

Mathématique ou pas ? Influences de la physique numérique informationnelle

Edwin Abbott qui a écrit en **_1884_** *Flatland (Terre plate)* imagine un individu qui habite un monde à *2* dimensions, une surface, lui-même sans épaisseur lié à elle, glissant, rampant sur elle. Une créature du monde *3dim*, une sphère ou quelque chose qui a un volume, lui montre qu'il existe une dimension de plus : il n'en revient pas ! Pourtant de l'énergie pourrait provenir de la *3ième* dimension ou partir vers elle, ce qui expliquerait pourquoi l'énergie semblait s'évaporer pour notre individu 2dim. Alors : et si notre espace-temps, *ET,* avait plus de *4dim* ? et qu'on ne s'en rende pas compte! Notre univers serait plongé dans un univers ayant un nombre supérieur de dimensions, ce qui expliquerait des phénomènes à l'heure actuelle inexplicables (comme la force de gravitation)... Inversement l'holographie offre une nouvelle perspective pour élaborer une théorie quantique de la gravitation mais n'est qu'en gestation. L'Univers est-il *4D* ou *Flatland* où la gravité est illusion ? Dans un hologramme toute l'information du 3D y est pourtant bien contenue ! **PLS 339**

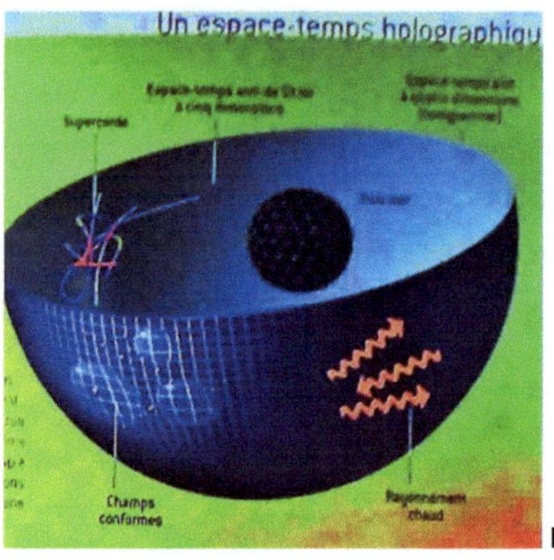

PLS 313

Au début le monde était *tohu bohu* ; or le désordre total <u>peut tout</u> : des singes tapant au hasard sur des machines à écrire finiront par écrire *Hamlet* (*E Borel*)... ou écrire des programmes dont les calculs produiraient toutes les données de l'Univers.... L'Univers serait pour ce nouveau modèle un grand ordinateur nourri par des programmes tirés au hasard. Mais le monde serait néanmoins en partie compréhensible car il y a beaucoup plus de programmes abordables. ...Après le Big Bang les différentes parties de l'univers auraient tenté tous les calculs possibles. **PLS349** L'évolution cosmique serait alors comme un processus de perfectionnement des outils de calcul pour les rendre plus rapides en préservant les résultats de ces calculs dans des structures de plus en plus organisées. Ce n'est pas le contenu en information qui augmente au cours du temps mais le contenu en structures. Par exemple le refroidissement de l'univers a fait apparaitre des composants stables de plus en plus complexes interactifs, des atomes aux molécules organiques et à la vie ! Des sortes de calcul ont été effectuées pour construire des structures dont la stabilité fait que les résultats du calcul sont conservés et accumulés. À partir d'organismes vivants très variés, des calculs avec mémorisation donnent naissance à une complexité organisée. D'après *Von Neumann* : l'espace est divisé en cellules (cubes ou+) dans chacune d'elles se trouve un automate qui tient compte de ses voisines pour passer d'un état à un autre avec des règles universelles : c'est l'espace qui « calcule » l'évolution. Les réseaux d'automates cellulaires sont des organismes auto-réplicateurs . Pour *K Zuse* : l'univers ne serait qu'un grand calcul à partir de réseaux d'automates cellulaires et discrets car le continu conduirait à l'invraisemblable....mais le granulaire conduit, lui, à la non isotropie, or il n'y a pas de directions privilégiée d'après la Relativité Générale (RG) PLS 349 *Kolmogorov, Levin, Chaitin, Benett(2014), Mayfield,   ...Zenil, Gaucherl, Vidal* interprètent l'évolution de l'univers comme un progrès du calcul.PLS491 Le monde est alors   purement mathématique, numérique, comme le projetait déjà Pythagore : tout est nombre ! Tout est abstrait.

Certains vont même plus loin : du fait de la non localité introduite par la Physique quantique, l'univers serait, tout simplement, un ordinateur quantique ? *S Lloyd* Alors *ET* serait constitué de minuscules éléments d'information liés par intrication...L'élément crucial n'est pas les constituants mais la façon dont ils s'organisent...comme une étoffe faite par des éléments intriqués sous-jacents.... Il y a connexion entre géométrie de ET (*l'Espace-Temps*) et intrication (ce qui explique trous noirs et trous de ver)...L' ET émerge de là, avec ou sans principe holographique (Projet *It from Qubit* de *Weelher J*) PLS 490 L'information est un ingrédient du monde aussi crucial que l'énergie et la matière. Un robot, une cellule eucaryote ont beau être approvisionnés en matériaux, ils ne fonctionneront pas sans apports de programmes de calcul ou d'informations stockées pour le vivant dans l'ADN **PLS33**

Pour *Platon* l'univers n'est que le reflet du monde des idées qui lui préexiste. **PLS 300**

…Y –a-t-il équivalence entre toutes ces théories ?

Un modèle *ETM* issu de *RR* et *RG* et où la matière est représentée par le modèle standard et où l'accélération de l'expansion est acquise est le plus consensuel à l'heure actuelle. C'est le **modèle standard cosmologique**.

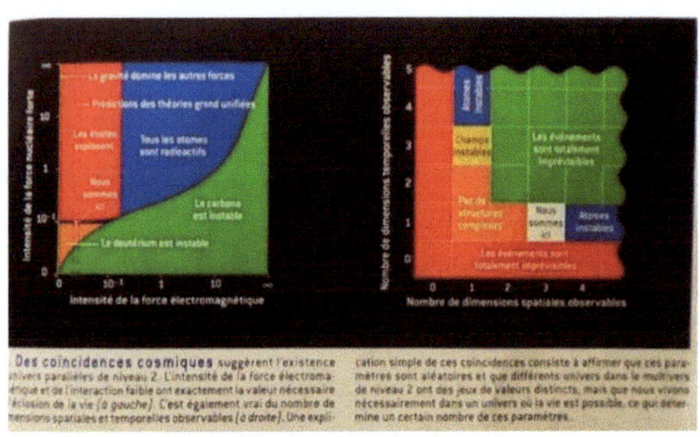

Des coïncidences cosmiques suggèrent l'existence d'univers parallèles de niveau 2. L'intensité de la force électromagnétique et de l'interaction faible ont exactement la valeur nécessaire à l'éclosion de la vie (à gauche). C'est également vrai du nombre de dimensions spatiales et temporelles observables (à droite). Une explication simple de ces coïncidences consiste à affirmer que ces paramètres sont aléatoires et que différents univers dans le multivers de niveau 2 ont des jeux de valeurs distincts, mais que nous vivons nécessairement dans un univers où la vie est possible, ce qui détermine un certain nombre de ces paramètres.

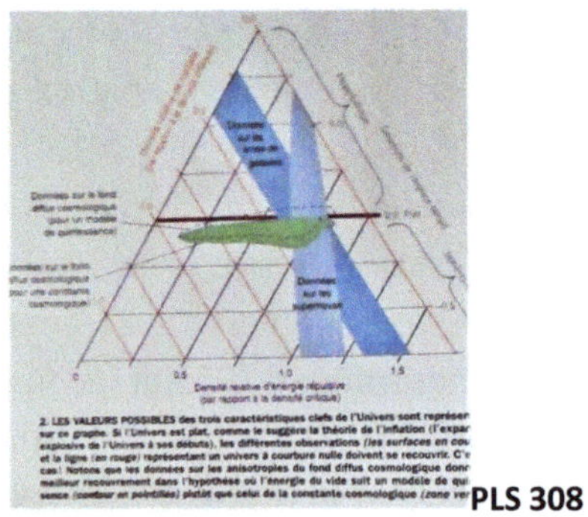

2. LES VALEURS POSSIBLES des trois caractéristiques clefs de l'Univers sont représentées sur ce graphe. Si l'Univers est plat, comme le suggère la théorie de l'inflation (l'expansion explosive de l'Univers à ses débuts), les différentes observations (les surfaces en couleur et la ligne en rouge) représentant un univers à courbure nulle doivent se recouvrir. C'est le cas! Notons que les données sur les anisotropies du fond diffus cosmologique donnent un meilleur recouvrement dans l'hypothèse où l'énergie du vide suit un modèle de quintessence (contour en pointillés) plutôt que celui de la constante cosmologique (zone verte). **PLS 308**

Évolution de l'Univers et constituants élémentaires dans le modèle retenu

PLS 178 PLS180 PLS 257 PLS 308   LR 481

Le développement de la Physique, science des choses en devenir et donc en particulier d'un *univers en construction*, doit être fondé sur des principes méthodologiques (prenant en compte toutes les échelles d'énergie ou une seule ?) et ontologiques (afin de bien représenter ce qui est, *ou plutôt ce qui existe)*.**Le Bihan**

Mais l'astrophysicien observe de l'intérieur l'Univers qu'il étudie. Situé au milieu d'une clairière, il ignore si les arbres qu'il observe ne représentent qu'un mince rideau ou une épaisse forêt !**PLS346**

Propriétés générales

Bases du modèle

Le modèle d'étude, celui généralement retenu, repose sur *4* hypothèses   **PLS 490**:

1^{ière} : on admet la Relativité Générale et la Relativité Restreinte d'*Einstein*

2ième : on admet le modèle standard de la matière issu en partie de la Physique Quantique

3ième : on admet le principe copernicien (nous n'occupons pas une position privilégiée dans l'univers d'où une définition d'une géométrie locale possible mais pas d'une topologie de l'univers)

4ième : on admet que la topologie de l'Univers est simple.

On a pu vérifier l'hypothèse *1* par des tests de gravitation précis jusqu'à 10^{-14} ! (comparaison entre masse inertielle et masse gravitationnelle)

L'hypothèse *2* concernant le modèle standard est, elle aussi, bien vérifiée mais le modèle n'explique pas la matière noire ; il doit être complété. La théorie quantique élaborée depuis il y a environ *80* ans décrit avec précision le comportement des particules et des forces les plus fondamentales aux échelles subatomiques.

Pour vérifier l'hypothèse *3* copernicienne il faut observer un décalage de *10^{-10}* sur un objet distant de *5 G a.l.* Ce principe cosmologique équivaut à admettre homogénéité et isotropie cde l'univers à très grande échelle.

Hypothèse *4* : la forme de tout système est définie par sa géométrie et sa topologie. La géométrie d'un espace est une propriété que nous pouvons mesurer sans en sortir. Celle de l'univers est euclidienne à courbure presque nulle : l'univers est quasi-plat (son espace reste *3D*). La topologie est une propriété globale qui ne serait évidente que de l'«extérieur » de l'espace; or *18* variétés topologiques existent en espace *3D*! La topologie de l'univers est liée à la nature des ondes qui s'y propagent. Si, par exemple, l'univers était replié sur lui-même, fini et sans bords, son rayon serait supérieur à *46* milliards d'années-lumière.

L'univers ne peut pas être plus petit que *96%* de la taille de <u>l'univers observable </u>et si la taille de l'univers *'réel'* était seulement plus grande que *1,15* fois le diamètre de l'univers *observable* on ne saurait jamais si l'univers est fini ou infini Ophelia Fabre. Mais comme justement on ne pourra jamais l'observer, notre univers, le nôtre, l'observable, est bien fini, mais grand, en temps-durée et en espace-distance.

Dans le concept _d'ETM (Espace-Temps-Matière),_ introduit par _Einstein,_ les durées, les distances et la force de gravitation s'expliquent uniquement par les propriétés géométriques de l'_ET_ et la présence de matière.

Dans l'_ET_ **le temps** n'est pas un paramètre universel externe au monde permettant d'enregistrer son évolution… **d'après Le Bihan** _Ce que nous appréhendons comme passé, présent et futur coexisterait de la même manière que les choses localisées en différents lieux….L'extinction des dinosaures et votre anniversaire de l'an prochain ont_ (auraient) _la même réalité_ . C'est là la conception de notre univers comme _univers-bloc. (cf Le temps en questions ? RM)_

Mais l'Univers, en quatre dimensions, est un continuum _ETM_ en <u>devenir, en construction,</u> qui évolue et dont la durée _d'existence_ est bien un paramètre interne ; les trois autres étant les paramètres d'espace. On devrait parler plutôt d'Espace-distances, de Temps-durée et de Matière-énergie et cet E_dT_dME ne revient jamais sur son propre passé ! Il a un _cours_ (pas la flèche) du temps irréversible. La durée de l'Univers augmente. Le temps est ce _passage_ de l'augmentation de la durée

On sait que la lumière a la propriété duale d'être une onde électromagnétique et d'être composée de corpuscules sans masse, les photons, qui se propagent à une _vitesse finie, c,_ la

<u>vitesse limite</u> introduite par *Einstein* en *1905* dans sa théorie *RR*.

c est une constante de notre univers   c=300 000 km/s.

Une conséquence de cette hypothèse, largement vérifiée, est que <u>l'univers permet l'*existence*</u> de tout objet qui n'existe seulement que s'il est localisé en un lieu et dure. En effet chaque objet de l'Univers, de la plus simple particule aux systèmes de particules les plus complexes, possède une *ligne d'univers* qui va de sa naissance à sa disparition en tant qu'objet individualisé, et à chaque objet est associé un **cône de lumière** constituant alors « son ***univers observable*** dans le passé ».

<u>L'âge de l'univers</u> est la durée, entre la singularité initiale du Big Bang (où temps et espace prennent sens) et aujourd'hui, durée mesurée par un observateur de référence défini par le principe copernicien et dont le temps propre est le temps cosmique. C'est un âge théorique calculé à partir du <u>modèle d'univers retenu.</u> Il s'agit de milliards d'années, *G.a.* .

L'espace<u>, en fait, a trois dimensions</u> suivant plusieurs raisons **PLS 526:**

Aristote : 3 parce que fin, milieu et commencement.

Galilée : par un point ne peuvent concourir que *3* droites perpendiculaires *2 à 2*

Kant-Gauss : la force gravitationnelle dans un monde à *n* dimensions varie en $1/r^{n-1}$ et comme la loi de Newton est en $1/r^{2}$ dans notre monde, alors *n=3*

Ehrenfest 1917 : le mouvement des astres dans un monde à *n* dimensions, n'a de solutions stables que si *n=2 ou 3* et l'énergie d'interaction tend vers *0* quand la distance tend vers l'infini seulement si *n = 3*

Les atomes de *Bohr* ne peuvent être stables que dans un espace de *dim 3*.

Les ondes de la lumière ne peuvent se propager à la vitesse c et sans distorsion ni réverbération que dans un monde *n=3*

Mais, l'espace pourrait avoir plus de dimensions si celles-ci étaient très petites et/ou repliées, Notre imagination est néanmoins mal équipée pour appréhender des mondes à dimensions supérieures à *4* !

L'Univers s'organise progressivement, se complexifie avec matière-énergie et vide comme constituants essentiels. <u>Il grandit et vieillit</u>.

Son **expansion** ne signifie pas que l'univers « gonfle » dans un espace plus grand mais que les distances entre points ou galaxies sont multipliés par un facteur d'échelle qui croit avec le temps   (les équations d'*Einstein* relient l'évolution du facteur d'échelle à la matière -énergie).

Les galaxies s'éloignent les unes des autres, la lumière en leur provenance se décalant vers le rouge (c'est la récession), et la vitesse de séparation est proportionnelle à leur distance (*620 km/s et /Mpsec chez Lemaitre ou70km/s/Mpsec*)

Taille de l'univers 10^4 *M.a.l.* $\approx 10^{23} km$ en *2 000*

La matière et le vide

La première évidence, pour nous, est que l'univers contient **de la matière et du vide** entre chaque objet matériel   pourvu d'énergie, susceptible de se mouvoir. Des milliards de galaxies en mouvement sont composées de matière et de vide et entre elles du gaz et beaucoup de vide. Nous sommes faits à titre individuel comme un système de 'poussières', de 'terre' et nous savons que si l'on voit de plus près, nous sommes, ainsi que tout le reste, composés d'atomes. Nous savons aussi que dans l'univers, dans les autres planètes et étoiles, les atomes sont les mêmes que ceux que nous connaissons, atomes qui sont composés d'éléments plus fondamentaux et assimilables à des énergies. Un atome est fait essentiellement de vide. Le milieu intergalactique ne contient que moins de *10* atomes par m^3, autant dire que l'univers est constitué de vide parsemé de peu de matière Il y a *0,1* à *0,2* nucléons/m^3 dans l'univers dont 75% d'hydrogène et *24,9%* d'hélium. Ce qui laisse bien peu de place pour tous les autres éléments chimiques.

La géométrie de l'espace-temps est imposée par la distribution de masses et est fonction de la densité d'énergie. On pourrait, à partir de certaines distributions de masse, obtenir comme géométrie de *ET*, celle d'un *trou de ver*, tunnel entre deux régions distinctes de *ET (cf ch 4)*; il faudrait alors aussi qu'existent des masses négatives. **d'après LehouqPLS112**

La matière
La théorie de la physique quantique confirme l'existence de particules élémentaires duales, ondes ou/et corpuscules, certaines étant des particules matérielles constituant **la matière ordinaire: *les fermions*.**
Entre particules, ou ensemble de particules de matière plus ou moins proches, il existe des interactions, c'est-à-dire qu'il faut que s'échange entre elles une certaine énergie *dE* pendant un certain temps-durée *dt*; donc qu'il y ait *action*, **énergie**

d'interaction. Or le produit *dE.dt* ne peut pas être rendu arbitrairement petit: il est toujours supérieur au quantum d'action, c'est à dire la plus petite quantité d'action, indivisible, l'action de Planck ^{Pl}h. Il n'y a interaction que si est mise en jeu une action au moins égale au quantum; il faut donc admettre l'idée que de même qu'il y a des particules élémentaires de matière, *les fermions*, il doit y avoir des particules élémentaires d'interactions, **les bosons.**

^{Pl}h est la deuxième constante universelle. *^{Pl}h /2Pi = 10^{-34} J.s* [9]

Parmi les fermions on distingue : les <u>quarks</u> : *u, d, c, s, t, b* colorés d'une part, et les <u>leptons</u> : *électron, muon, tau, neutrinos-électron, neutrinos-muon et neutrinos-tau*, d'autre part. Des associations de quarks forment des hadrons de couleur neutre : <u>baryons</u> : *protons* et *neutrons* suivant leur composition et des <u>mésons</u> : *pions, kaons, méson b.* L'association de protons et neutrons forme les <u>nucléons</u> ou noyaux atomiques. La composition de nucléons et de leptons forme les <u>atomes</u> qui composés entre eux forment les <u>molécules</u>, la matière baryonique.
Parmi les bosons on a : *<u>gluons, photon, W$^+$, W$^-$, Z, Higgson</u>*. Les gluons assurent la cohésion des noyaux atomiques en

---

[9] Les grandeurs de Planck i sont :

^{Pl}h = 6.6 10^{-34} J.s. ;

^{Pl}t = $(\mathcal{G}.^{Pl}h/c^5)^{1/2}$= 10^{-43} s; ^{Pl}L =$(^{Pl}h. \mathcal{G}/c^3)^{1/2}$ = 4.10^{-35} m;

$^{Pl}E_0$ =$(^{Pl}h.c^5/ \mathcal{G})^{1/2}$ = = 6.10^9 J ; ^{Pl}m = 2. 10^{-9} kg = 2µg $^{Pl}m_0$?=60 µ g

avec $\mathcal{G}$ = 6,7.10^{-11} m³/kg/s²   c= 300 000 km/s engendrant les forces nucléaires fortes. Le photon est le boson de l'interaction électromagnétique ; il assure la cohésion atomique entre proton et électrons dans l'atome. Les bosons Z°, W⁻, W⁺ représentent les forces nucléaires faibles associées à la radioactivité Le boson de Higgs donne la masse aux particules fondamentales de la matière et donc une énergie-masse

Remarquons que tous ces bosons n'expliquent pas la force de gravitation. Les gravitons, bosons associés à la gravitation n'ont pas encore été mis en évidence. Par contre les ondes gravitationnelles prévues par *Einstein* ont été détectées.

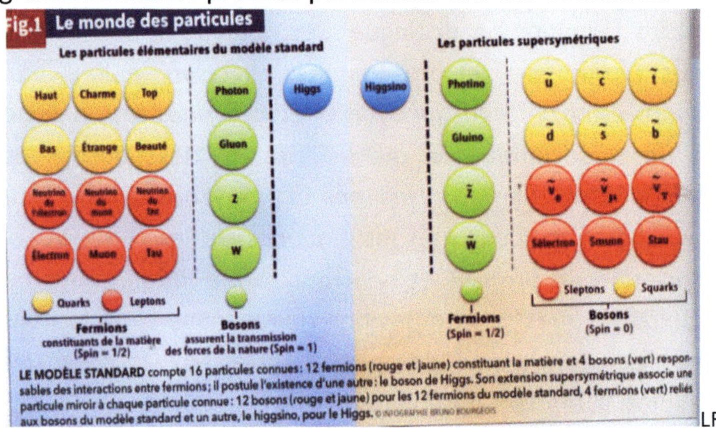

LR ?

La charge de l'électron, *e*, est une autre constante de notre univers.

La matière ordinaire ne représente qu'une faible partie   de l'énergie dans l'Univers La masse des éléments chimiques connus ne dépassant pas, de loin, *1/3* de la densité d'énergie de l'univers, *Zwicky* et *Rubin* ont émis l'hypothèse d'une masse cachée ou **matière noire**. La matière noire n'interagit pas avec les photons (c'est pour cela qu'on ne la voit pas) mais agit par ses effets gravitationnels ; on peut donc la détecter. Il n'y a pas de matière noire dans le système solaire.

L'hydrogène *H*, l'hélium *He* et d'autres atomes légers ont été formés dans la nucléosynthèse primordiale. Du carbone au fer les atomes se sont formés dans les noyaux des étoiles. Au-delà du fer les éléments se sont formés par nucléosynthèse explosive dans les supernovas, et d'autres par fission de noyaux lourds

Dans l'univers en plus des matières noire et ordinaire (particules de matière fermions et bosons) qui représentent une certaine énergie, il faut ajouter les **antiparticules** et des particules S super-symétriques ou d'autres particules à présent hypothétiques : neutralino, graviton et gravitino et, surtout, ajouter **l'énergie noire** du vide.

En effet **le vide n'est pas vide :** des particules élémentaires surgissent du vide spontanément et y retournent après une courte durée de vie. L'effet *Casimir* met en évidence cette énergie du vide.

Une autre constante de notre univers est celle de la gravitation universelle, G

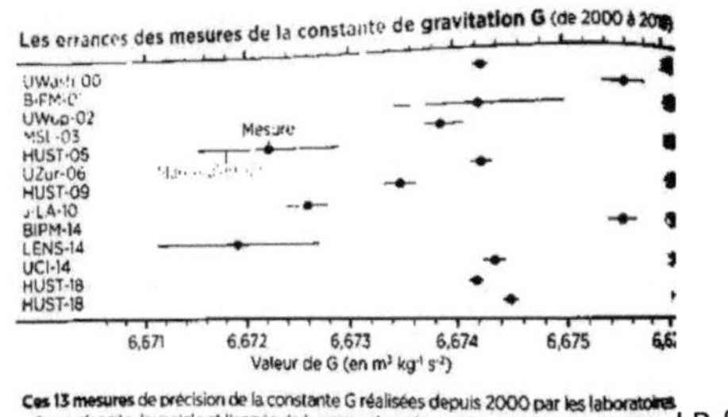

Ces 13 mesures de précision de la constante G réalisées depuis 2000 par les laboratoires (en ordonnée, leur sigle et l'année de la mesure) ne donnent pas les mêmes résultats. LR fev2000

La gravitation est, en fait, la quatrième force fondamentale, force qui attire entre elles deux mases séparées d'après la formule de *Newton*. On connait mal G. La dernière valeur est (à 4 décimales près) G = 6,6720.10^{-11}m^{3}kg^{-1}s^{-2}

À $10^{-15}m$ de portée la **force gravitationnelle** est 10^{40} fois plus faible que l'interaction forte agissant entre neutron et proton Entre 2 électrons elle est 10^{43} fois inférieure à la force de répulsion électrique ; elle est très faible   mais la gravitation joue un rôle important car les masses macroscopiques sont électriquement neutres : nos pieds restent collés à la Terre !

Quelques autres propriétés

Aujourd'hui, à très grande échelle, l'univers, en tous cas celui qui est observable, étudiable, est homogène et isotrope en moyenne : il est presque vide ! Le principe cosmologique indique qu'il n'y a pas de centre de l'univers, ou ce qui revient au même, le centre se situe partout. Mais à l'intérieur des galaxies les étoiles qui brillent dans le ciel sont distribuées de façon inhomogène. Il existe donc des zones à très forte densité (et chaudes) et d'autres à densité quasi-nulle (et très froides).

L'Univers actuel est très grand peu dense avec *5 protons/m^3* alors qu' *1m^3* d'eau contient *6*10^{29}* protons et neutrons **Plshs 114** Néanmoins sa masse ^{U}M est énorme ! $\left(\text{cf plus bas}\right)$

Si l'univers était infini et rempli uniformément d'étoiles éternelles le ciel devrait être incandescent dans toutes les directions. Mais l'univers est fini (bien que très grand à l'heure actuelle), les étoiles n'ont pas toujours existé et la lumière a une vitesse finie. La nuit est quasiment noire bien que la lumière du fonds cosmique soit néanmoins toujours là mais très atténuée, refroidie et aveugle à nos yeux **PLS HS 112**

La fusion nucléaire dans les étoiles émet des photons. Les étoiles de l'Univers ont créé *4.10^{84}* photons Hors Voie Lactée, et donc hors Soleil, cela équivaut à l'énergie d'une ampoule de *60w* vue d'une distance de *4 km* ! Pas étonnant que la nuit soit noire. **LR568** Et cela ne représente qu'une très faible partie de l'énergie totale de l'univers.

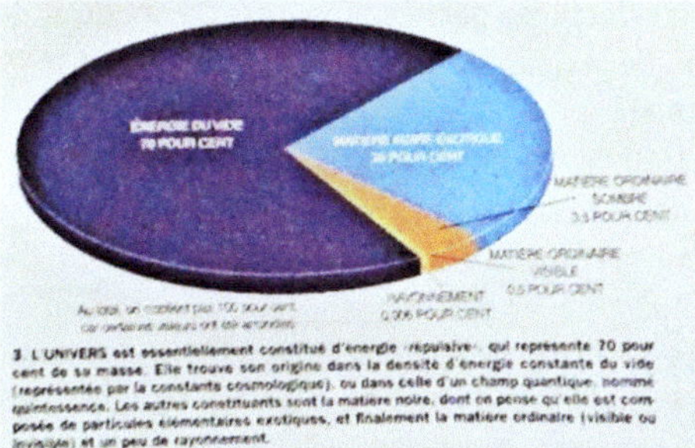

PLS281

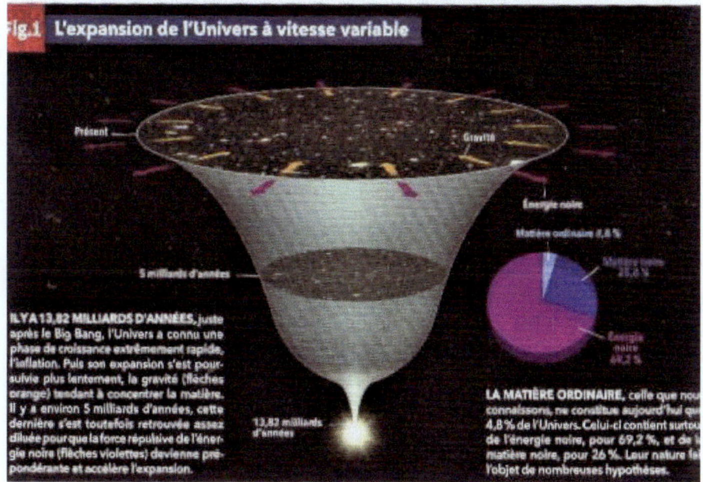

L'univers ne comporte que *4,9%* de matière ordinaire, *26,6%* (*26 à 29%*) de matière noire et *68,5%* d'énergie noire (Énergie du Vide =*71 %*)   *sur un total d'énergie*

$$^UE = 10^{72}\ J$$

L'énergie, de dimension $M.L^2.T^{-2}$, s'exprime en unité *SI* en *Joule*,[10] mais peut s'exprimer en *kilowattheure, en calorie, en équivalent degré °K, en électronvolt et même en équivalent kilogramme.* En outre à partir des théories de l'information on peut associer à l'énergie, ou à l'action, des unités d'opérations effectuées par seconde *op/s* ou, associer des *bits* (un bit qui bascule dépend de la quantité d'énergie nécessaire $t.E\ \#\ 4^{Pl}h$) ou même des *fréquences*. **PLS 321**

$1J$ = 1w.s = $1(10^{-3}$kw$).(1$h$/3600$)= $0,28.10^{-6}$.kwh

$\quad$ = 1 cal/4,18 $\qquad\qquad$ = 0,24 cal

$\quad$ =1Coulomb*1Volt= 1eV/Q(e) = $0,63.10^{19}$eV $\quad$ [11]

$\quad$ = m($\leftrightarrow$1J).c^2 ;

$\qquad$ d'où m($\leftrightarrow$1J)=1kg.m^2.s^{-2}/(3.10^8.(m.s$^{-1})^2$) =$0,3.10^{-8}$kg $\quad$ $\approx 10^{-10}$kg

$\quad$ = 10^{-10}kg = $10^{-10}(1$kg $\leftrightarrow 10^{51}$ op/s) $\qquad$ = 10^{41} op/s

$\qquad$ = $10^{-10}(1$kg $\leftrightarrow 10^{31}$ bit) $\qquad$ = 10^{21} bit

$\qquad$ = $10^{-10}(1$kg $\leftrightarrow 10^{17}$ hz) $\qquad$ = 10^7 hz

$\qquad$ =$10^{-10}(1$kg $\leftrightarrow 10^9$ °K) $\qquad$ $\approx 0,1$ °K

1kg de matière = 10^{51} opérations/s = 1G °K = 10^{31} bits = 100 M Ghz **PLS 325**

$^UM = 10^{53}$ kg ; $\qquad$ la masse du Soleil   MS = 10^{30} kg ,

^UM a une fréquence v=10^{14} hz et une mémoire de : 10^{92} bits

L'Univers opère 10^{107} *op/s*

Depuis sa naissance l'univers a fait *4,5 10^{123}* opérations. **PLS 321 BoBo**

On utilise souvent pour l'énergie et la masse *l'eV* ou *M.eV* ou *G.eV* $\qquad$ **$1eV = 1,6\ 10^{-19}J$** $\qquad$ **$1kg = 10^{29}\ eV$**

---

[10] *1 cal = 4,18J* $\qquad$ 1cal permet à 1g d'eau de monter sa °T de 1°K en *CS*

[11] *Q(e) = 1,6.10^{-19} Coulomb*

$Q(e) = 1.6021766208 \times 10^{-19}C$

$E(e) = 9.10^{-14} J = 0.5$ MeV ; $m(e) = 0.9.10^{-31}$ kg. $E_{nucléon} = 1$ G.eV

Le proton du noyau de *H* a une masse 10^{19} fois inférieure à l'énergie de Planck ^{Pl}E *(c'est à dire $6.10^{-10}J$)* et une taille supérieure de 10^{19} fois supérieure à ^{Pl}L *(c'est-à-dire 4.10^{-16} m)*
PLS 321

$^{U}\mathcal{V} = 10^{81}$ m^3 (1 suivi de *81* 0 !!)

Densité d'énergie 10^{-9} J/m^3 proche de la densité critique

Masse volumique : $^{U}d = 3.10^{-28}$kg/m^3

Énergie sombre : $>10^{-18}$ hz et mémoire $<10^{123}$ bits

Le rayonnement du fonds diffus contient 10^9 photons/m^3

Λ : la valeur de la constante cosmologique était fixée pour que l'univers *I* d'*Einstein* soit stationnaire, puis considérée nulle *0*, puis fixée pour que notre univers soit quasi-plat, et/ou enfin équivalente à l'énergie noire ?

L'expansion de l'univers est mesurée par la constante de *Hubble* ^{Hu}K = 67,4 ou 73 km/s/Mpc ? ou plutôt 67 (d'où 13,8Gans) ou ^{Hu}k = 67,9 nouvelle mesure **LR 883** L'univers grandit de 67,9 km/s

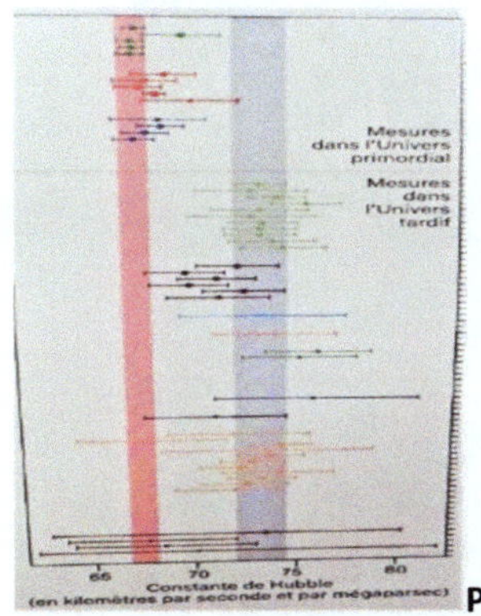

PLS

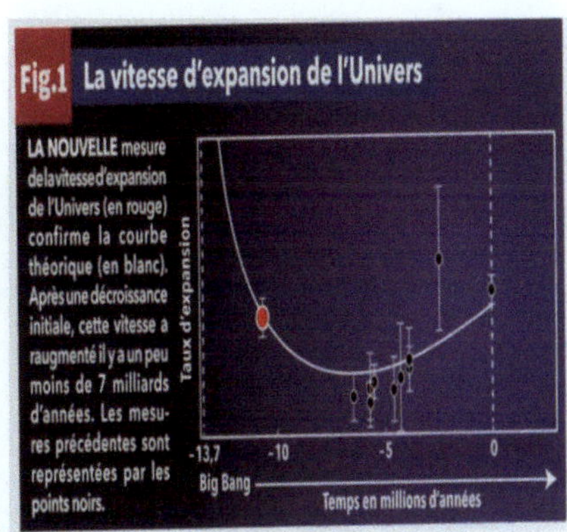

Le taux d'expansion est variable avec le temps. Après l'inflation primordiale, le taux a fortement décru et depuis *5 à 6 G.a.* l'expansion s'accélère.

D'après les lois de Newton la vitesse de rotation des étoiles autour du centre galactique devrait augmenter avant de diminuer en fonction de la distance : FAUX elle reste si grande que les étoiles devraient être éjectées à moins qu'il existe autour d'elles beaucoup de matière noire **LRSV 900**

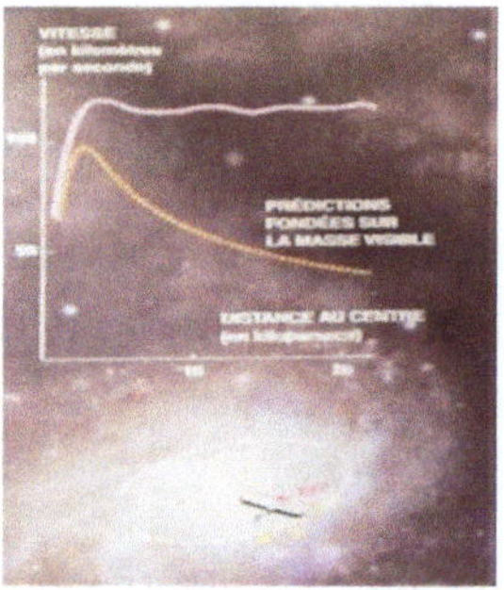

Dans un milieu hétérogène la lumière ne se propage pas en ligne droite: la vision que nous avons de l'univers est déformée **PLS 242** Mirages gravitationnels

Des courants de gravité existent dans l'espace où les astéroïdes se déplacent plus rapidement 10à 1000 fois plus vite **LR 888**

A 10^{-43} s C'est la durée de *Planck* indivisible, la première durée. Toutes les forces et énergies sont unifiées à une température de *10^{32} °K* et une densité *d =10^{+92} !*.L'Univers est une « boule » infiniment petite immensément énergétique. En deçà de cette durée l'espace et le temps sont des concepts qui n'ont plus cours

À l'origine l'univers est un **plasma** opaque, une soupe primordiale parcourue de compressions et dilatations ; donc une « tête d'épingle » sonore **LR889**

A 10^{-38} s (ou 10^{-36}) L'**inflation** commence à *10^{28}K*. La boule s'est refroidie déjà de *10 000 d°*!

Quarks et leptons sont indifférenciés. Les trois interactions fondamentales sont encore unifiées à *10^{16} G.eV* . Des particules de <u>matière *noire*</u> s'annihilent entre elles en fournissant beaucoup d'énergie. L'univers serait alors formé d'une masse noire *6* fois plus importante que la matière classique.

L'univers serait passé d'une taille de *10^{-30} m* à *1cm* en *10^{-35} s*   (le noyau d'H a une taille de *10^{-15} m*, le taux de croissance de la boule est de*10^{28}* et la vitesse de croissance de près de *10^{30} km/s*)

De 10^{-38} à 10^{-32} sa taille est multipliée par *10^{30}* (elle a alors *10^{28} m* ou *10^{25} km* ou des centaines de millions de milliards de milliards de km !)

<u>Les ondes gravitationnelles,</u> prévues par *Einstein*, auraient été émises *10^{-37}à 10^{-34} s* après le Big Bang. Elles seraient créées par les fluctuations quantiques des champs de l'univers primordial pendant l'inflation. L'inflation aurait

pompé de l'énergie du vide pour produire des gravitons et antigravitons de grandes longueurs d'ondes (de *1cm* à *10^{23} km* ! alors que les ondes électromagnétiques ont des longueurs d'ondes < *au mm*).Toutes les paires de particules virtuelles venues du vide n'ont pas pu disparaitre aussitôt à cause de l'inflation immense qui les a séparées. Les ondes gravitationnelles véhiculent énergie et information que leur a communiquées la source productrice ; elles se propagent à travers tout matériau, même le plasma primitif, au contraire des ondes électromagnétiques alors stagnantes

L'interaction faible se serait ensuite développée ; d'où apparition de radioactivité ; le champ de *Higgs* aurait diminué. L'**inflation** subite de l'univers serait due à l'énergie potentielle d'un champ. L'inflation originelle n'est qu'une supposition théorique mais est étayée par des observations et des explications de l'homogénéité de l'univers et de sa platitude LR895 L'inflation prédit que l'univers est « plat », doté d'une géométrie euclidienne. Pendant l'inflation des fluctuations quantiques sont amplifiées donnant naissance à des régions de surdensité masso-énergétiques LR888 qui sont des origines probables très lointaines des galaxies.

A 10^{-30} s (ou 10^{-33}) : c'est la fin de la phase d'inflation. Elle a duré *0,9999....10^{-30} s* À l'issue de la phase d'inflation l'énergie potentielle change de forme et donne naissance à des particules. Pendant cette « ère » l'expansion a été de plus en plus rapide. Or si l'expansion s'accroit, le vide s'accroit et l'énergie du vide croît ! Le taux d'énergie du vide peut donc évoluer dans le temps, cette énergie pouvant passer en dessus, ou en dessous, de celle de la matière, les particules quarks et leptons.

Un conducteur roule à *60 km/h* pendant *1h* : il parcourt donc *60km*, sauf si pendant ce temps la route s'est étirée du double de sa longueur initiale.

L'univers s'est gonflé si vite que des régions séparées ont pu adopter même température, densité… ; d'où une certaine homogénéité.

A 10^{-11}s : à 10^{15} K les <u>forces électromagnétique et faible</u> se différencient : <u>neutrinos, électrons, quarks, leurs antiparticules, gluons, photons, autres bosons</u> sont en équilibre dans la soupe.

A 10^{-10} s : 10^{14} K il y a un peu plus de matière que d'antimatière

A 10^{-9}s : quarks, électrons et antiparticules, gluons et photons s'entrechoquent ; les interactions électromagnétiques et fortes ont un rôle, se manifestent. °T est encore à plusieurs dizaines de milliards de degrés K.

.A 10^{-7}s: à $2*10^{13}K$ la soupe est plutôt liquide. Les fluctuations de matière dans le plasma entrainent des chocs entre composants, donc des surpressions locales qui forment des ondes et ces chocs créeront, par la suite, sous l'influence de la gravité (et du boson de Higgs ?), la matière baryonique Les photons sont attirés par les zones de surdensité de matière *noire*, leur pression les   entraînent sous forme d'ondes acoustiques baryoniques émises. Les noyaux étaient séparés des électrons et les photons piégés.

A 10^{-6} s : $6*10^{12}K$

A 10^{-5}s les quarks peuvent se lier par 2 ou 3 sous l'action des gluons pour former <u>des protons et neutrons</u> et se déplacer quasi-librement; il y a un plasma de quarks libres et antiquark

A 10^{-4}s les protons se forment.

A 10^{-2} s les photons se matérialisent en électrons-positons.

A 1s les protons et neutrons sont stables à 10^{10} K (soit *10* milliards de °K) dans la soupe. Des neutrinos circulent librement moins d'*1s* après le Big Bang. Le rayonnement des neutrinos émis a une énergie figée à *1,95°K*. Les noyaux sont dissociés et il existe un fonds de neutrinos. La densité de l'univers est à 10^{10} ! C'est encore super-dense.

De la nucléosynthèse primordiale au fond cosmologique

À 100 s : à $10^9\,K$ **la nucléosynthèse primitive** commence par la formation des noyaux d'hélium et autres à partir de noyaux d'hydrogène.

.A 3 mn : La formation des noyaux d'hélium et lithium à partir de protons *(88%)* et de neutrons *(12%)* s'est faite d'abord en Deutérium et en Hélium *3* et *4* à des températures *T<* *1G°K* ; (d'où 24% de He_4 et 76% de protons)

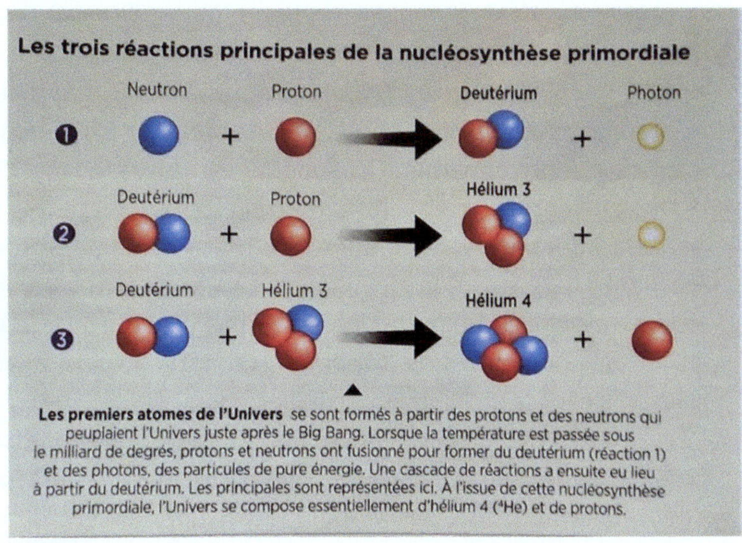

Les premiers atomes de l'Univers se sont formés à partir des protons et des neutrons qui peuplaient l'Univers juste après le Big Bang. Lorsque la température est passée sous le milliard de degrés, protons et neutrons ont fusionné pour former du deutérium (réaction 1) et des photons, des particules de pure énergie. Une cascade de réactions a ensuite eu lieu à partir du deutérium. Les principales sont représentées ici. À l'issue de cette nucléosynthèse primordiale, l'Univers se compose essentiellement d'hélium 4 (^{4}He) et de protons.

LR888

La soupe est alors formée de protons, neutrons, électrons, photons, et baryons primordiaux, matière noire, et leurs antiparticules. Matière et antimatière sont presque à égalité. L'Univers est en équilibre thermique sous forme de plasma avec des surpressions produites par des oscillations sous l'action de la gravité et de la pression ; le plasma n'est pas totalement homogène à cause de l'inflation préalable et de ces surpressions

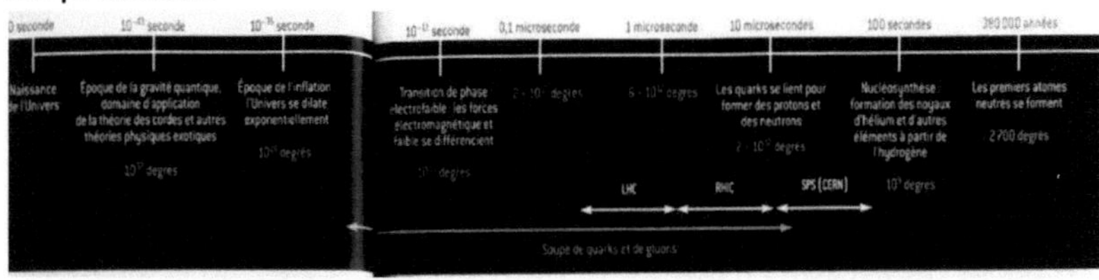

A 70 000 ans les <u>atomes d'hélium et d'hydrogène</u> apparaissent libres pour la première fois: des électrons et des protons se combinent pour former des <u>atomes ;</u> la matière devient prépondérante; l'Hydrogène est partout dans le cosmos qui est en expansion lente.

A 100 000 ans l'univers est rempli de gaz neutre, d'atomes ou de quelques ions avec des régions plus ou moins denses. Le rayonnement cosmique est élevé à *10 000 K* L'Univers entre en équilibre thermique; la matière bien ionisée interagit avec les photons. Toute l'énergie absorbée par la matière est réémise : l'univers se comporte comme un *corps noir*. C'est l'aube de l'univers (pas observé à ce jour) à cause des poussières de *1* à *10 nm* qui interagissent avec les photons captifs des autres particules.PLS350

A 379 000 ans de l'univers la température est passée à *2700 K* , la densité à *10^{-21}*; et le fond cosmologique s'est formé

Le **fond diffus cosmologique** est une lumière diffusée par une sphère centrée sur la Terre au moment où la matière de l'Univers est passée d'un état de plasma opaque à celui où les électrons libres et les noyaux se sont combinés pour former les atomes neutres et libérer enfin les photons : <u>la lumière nait,</u> se propage à ce moment-là. Le plasma opaque, en équilibre thermique formant un « corps noir » devient transparent et la lumière, les photons émis au même instant par ce fond, commence à se propager dans toutes les directions de l'univers. On la reçoit sur Terre *13,7 G.a.* après sous forme de micro-ondes.

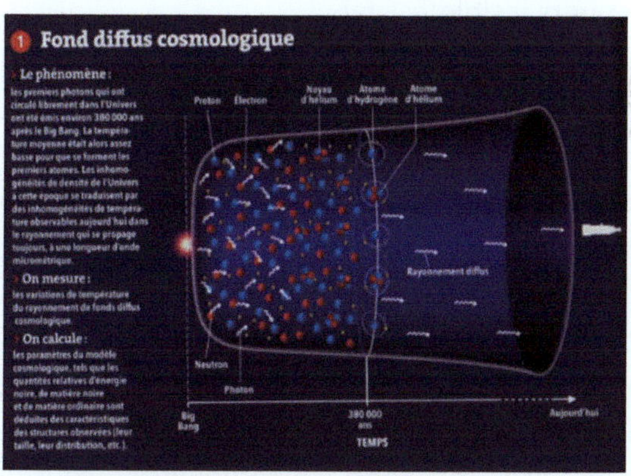

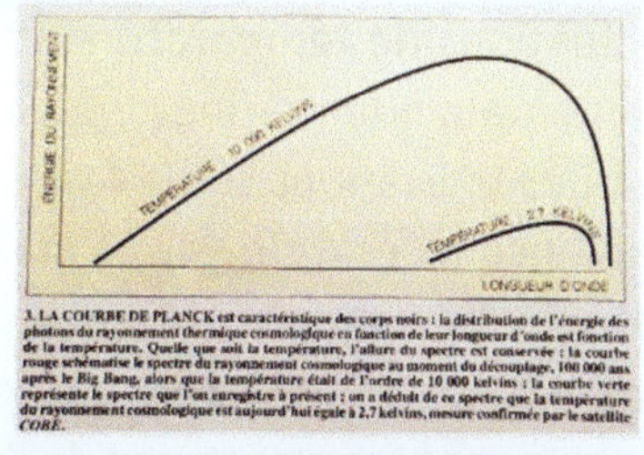

3. LA COURBE DE PLANCK est caractéristique des corps noirs : la distribution de l'énergie des photons du rayonnement thermique cosmologique en fonction de leur longueur d'onde est fonction de la température. Quelle que soit la température, l'allure du spectre est conservée : la courbe rouge schématise le spectre du rayonnement cosmologique au moment du découplage, 100 000 ans après le Big Bang, alors que la température était de l'ordre de 10 000 kelvins ; la courbe verte représente le spectre que l'on enregistre à présent : on a déduit de ce spectre que la température du rayonnement cosmologique est aujourd'hui égale à 2,7 kelvins, mesure confirmée par le satellite COBE.

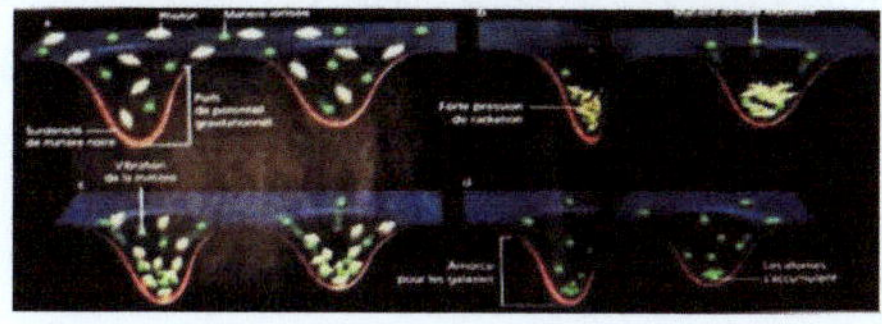

Les fluctuations de *°T* du fond sont des zones plus denses du plasma ; la matière noire présente aurait permis l'attraction des atomes vers le fonds du puits de potentiel, d'où les agrégats, origines des Galaxies **R Lehouq PLS 346** La distribution du gaz de matière s'est figée à une certaine distance des surdensités… en coquilles de rayon *500 M.a.l.* : les Oscillations Acoustiques Baryoniques **PLS 527** Les fluctuations de °T du fond sont l'équivalent de l'ADN de l'Univers **PLS 555** De la matière mesurée dans le fonds cosmologique il n'apparait que *40%* dans l'univers visible actuel.

Les ondes gravitationnelles ont laissé des traces sur le fond diffus. Celui-ci est légèrement polarisé. La densité des neutrinos est aussi importante que celle des photons ce qui se manifeste par des variations de polarisation du fond diffus ; il n'y a que trois variétés de neutrinos.

Le plus vieux cliché de notre univers peut être pris : les cartes du fond sont en bidimensionnel mais représentent une surface de sphère. Il y existe des régions, causalement déconnectées, qui ont même température
L'étude précise du fond cosmologique, sous les aspects, température, fluctuations de température et polarisation, est une source fondamentale pour vérifier, ou pas, les théories et pour donner quelques indications sur la topologie de l'univers. Le cosmos a commencé à l'état de gaz et matière noire ; sous la force gravitationnelle, ces gaz se sont condensés pour former des filaments interconnectés par des nœuds ; <u>les filaments</u> sont les plus grandes structures de l'univers **PLS490** Les réseaux de neurones et les filaments cosmiques ont des niveaux d'organisations assez proches en complexité mais sont 10^{27} fois plus grands ! Les filaments sont très longs (des *M a.l.* presque *1G.a.l.*) composés de *H* et *He* **LR 888**

Carte du ciel, en coordonnées galactiques, des fluctuations de température observées par COBE, lissée avec une résolution d'environ dix degrés. Les plus grandes structures observées dépassent le Gigaparsec (3,10²⁵ mètres)

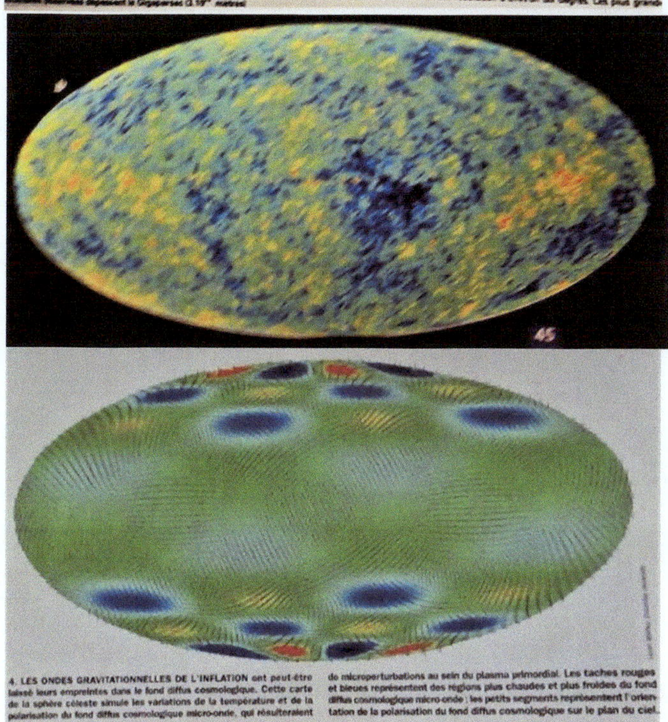

4. LES ONDES GRAVITATIONNELLES DE L'INFLATION ont peut-être laissé leurs empreintes dans le fond diffus cosmologique. Cette carte de la sphère céleste simule les variations de la température et de la polarisation du fond diffus cosmologique micro-onde, qui résulteraient de microperturbations au sein du plasma primordial. Les taches rouges et bleues représentent des régions plus chaudes et plus froides du fond diffus cosmologique micro-onde ; les petits segments représentent l'orientation de la polarisation du fond diffus cosmologique sur le plan du ciel.

51

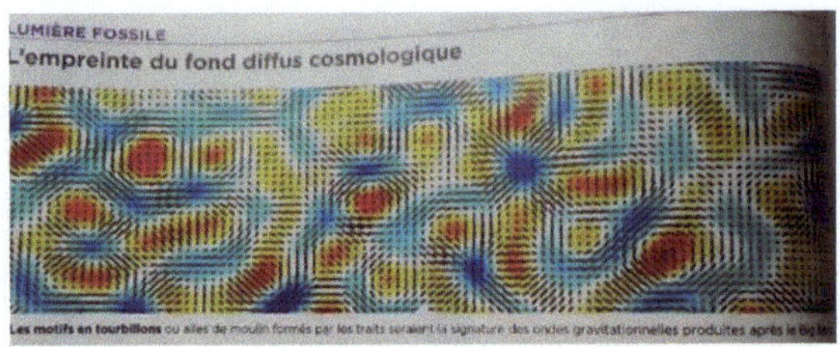

PLS

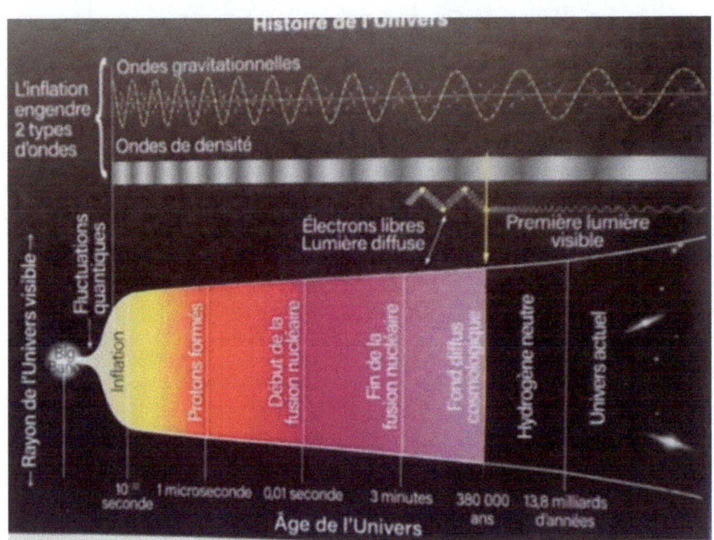

Des protogalaxies à 1G.a. du Big Bang

A 500 000 années du Bigbang il y a formation des <u>protogalaxies</u> et l'univers est sombre. La ré-ionisation du gaz neutre finit lentement.

Il y a contraction et réchauffement de l'univers ; les atomes d'*H* neutres sont apparus. La lumière émise à la formation des atomes neutres baigne l'univers dans toutes les directions, a été émise à une température proche de celle des étoiles mais ce rayonnement primitif ne nous est pas perceptible car très décalé vers le rouge en micro-ondes invisibles à nos yeux.

A 1 000 000 d'années les *anciennes* <u>galaxies</u> (celles nées peu après le Big Bang) forment une soupe chaude à environ *3 000 K*; l'univers est dominé par le rayonnement; l'hydrogène commence à se dissocier par les photons.

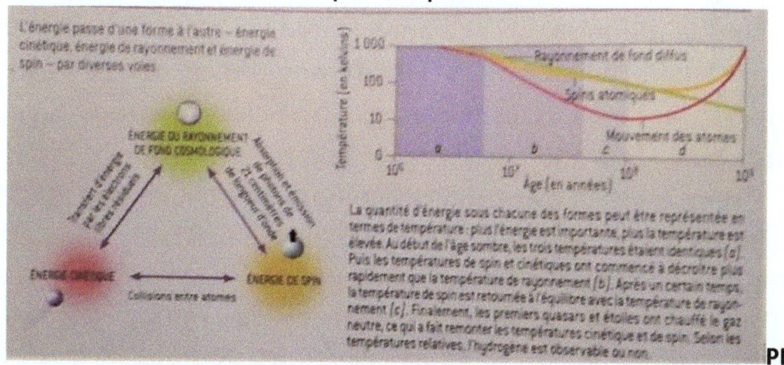

PLS

A 10 M. d'années la température du fonds diffus décroit, la température des collisions d'atomes d'*H* et la température de spin restent semblables. *H* est complétement ionisé.

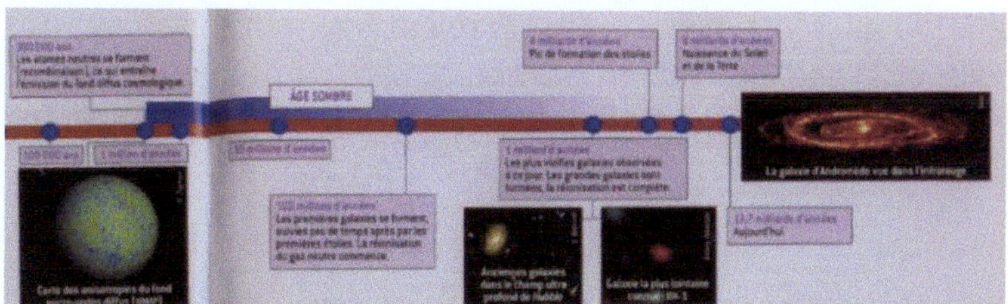

A 100 M. d'années la gravité étant plus forte que l'expansion, les premières galaxies apparaissent sous forme de grumeaux de matière, de galaxies naines et il y a fusion de galaxies et création d'<u>amas</u>. Le gaz est ionisé (électrons libres) ; la température de collisions est beaucoup plus faible (*10 K*) que celle du spin (*100 K*). La ré-ionisation du gaz se poursuit. Des étoiles et galaxies seraient nées à peine *100 M.a.* après le Big Bang **PLS 550** Il y aura alors des nucléosynthèses, cette fois, stellaires et les <u>étoiles</u> seront ensuite les points de lumière de l'univers.

A 180 M.a. après Big Bang : des étoiles sont nées de l'accumulation de H_2 (raie de *21 cm à 78 Mhz*) **PLS487**

De 400 à 900 M.a. : c'est l'époque de ré-ionisation   la lumière ionise les atomes en leur enlevant des électrons. C'est pendant la ré-ionisation de l'univers que les étoiles produites ont réchauffé puis « cassé » les atomes d'*H* et qu'elles elles vont éclairer l'univers. La fusion nucléaire crée des atomes plus lourds que *H* et *He* en dégageant lumière et énergie

Entre 380 000 et 1 milliard années du Big Bang les astres brillent de moins en moins et la lumière du fond décroit: c'est l'âge sombre de l'univers ; mais restaient la température des spins (*21 cm* de longueur d'ondes), et la température de collisions des atomes d'*H*, toutes de l'ordre de *1 000 °K*. Depuis l'époque du fond diffus l'univers s'est gonflé d'un facteur *1000*. On est en période d'expansion lente.

À 1 milliard d'années du Bigbang on photographie les plus vieilles galaxies observables ; la température des collisions est de*1 000 K* ; c'est à cette époque qu'il y a formation des <u>quasars</u>; les ondes de spin sont alors mesurées à *210m*.

D'il y a12,7 G.a. à aujourd'hui

Il y a <u>12,7 milliards</u> d'années par rapport à aujourd'hui, les premières étoiles des premières galaxies formées sont les premiers points de lumière de l'univers encore sombre ; il y a beaucoup de gaz ionisé dans les profondeurs de l'espace intergalactique et de la matière noire .*T =-250°C, d=10^{-28}* Les premières galaxies étaient essentiellement composées d'*H* et *He* qui ont donné des étoiles qui, elles, ont donné par fusion thermonucléaire des éléments plus lourds, avant d'exploser en <u>supernova</u>. Elles étaient petites et très désordonnées

Il y a 10 milliards d''années la répartition de la matière ordinaire dans l'univers est du même type qu'aujourd'hui mais la densité est un peu plus forte puisque l'univers est plus petit.De la matière aurait disparu ou aurait tissé des filaments entre galaxies et serait constitué de gaz chauds ionisés (*30 à40%* des baryons) PLS 490 Certains amas, créés dans l'univers jeune et à évolution rapide ne fabriquent plus d'étoiles PLS 490

Il y a 8 G. d'années La distorsion du fond diffus permet de détecter à cette époque des amas de galaxies émettant un gaz chaud d'électrons.

Il y a 6 G ans l'énergie noire a battu la matière. Après l'inflation l'univers a eu, tout en gardant une expansion démontrée par *Hubble*, une période de décélération de l'expansion qui s'est arrêtée quand l'univers avait *60%* de sa taille actuelle. Puis en *1998* on a découvert que l'expansion de l'Univers <u>s'accélérait</u>…accélération expliquée par une énergie noire liée à la constante cosmologique de l'équation d'*Einstein*

Il y a 4,7 milliards d'années il y a la <u>naissance du Soleil</u> et, un peu après, de la Terre. Auparavant pas d'hommes, pas de Terre, pas de Soleil ! Un univers assez sombre et froid.

Il y a 2 à 3 milliards d'années le taux d'énergie du vide étant bien repassé au-dessus de l'énergie matière avec l'accélération de l'expansion de l'univers il y a apparition de <u>la vie</u> (les bactéries).

Il y a 3 à 4 millions d'années les <u>hominidés</u> sont apparus

Il y a près de 100 000 ans des gravures sur morceaux d'ocre sont trouvées en Afrique du Sud

Il y a 40 000 ans des gravures rupestres sont découvertes qui prouvent l'émergence d'une pensée symbolique

Il y a 5 700 ans environ la <u>Bible</u> nous raconte qu'Adam et Ève sortent du paradis après avoir consommé de l'arbre de la connaissance.

Il y a aujourd'hui, et… demain. L'univers va vieillir. Va-t-il mourir ?
-par un effondrement terminal : big crunch
- par collision avec d'autres régions d'univers : big slurp
- par rebonds ; big bounce
-par dislocations de galaxies, dilatation même des atomes; big rip
-par mort thermique, expansion sans fin ; à cause de l'expansion les galaxies se dispersent et sortent de notre univers observable ; le ciel deviendra vide ; il est alors impossible d'extraire une quantité finie d'énergie et donc la vie devient impossible…: big Freeze.. **PLS 349**

Ce scénario est le plus envisageable mais restons optimiste, il nous laisse 10^{32000} ans **BoBo**; de plus d'après *Asimov*: dans la mort thermique de l'univers, l'entropie croit, il y a égalisation des températures et chaos complet ; d'où : *que la lumière soit et la lumière fut.*

L'univers observé

L'Univers *vieillit*, son âge augmente, et son avenir est incertain car le futur ne nous est pas accessible. Tout ce que nous pouvons observer de l'univers, quel que soit le moyen d'observation, c'est son passé plus ou moins proche, ou plus lointain et dans la mesure où ses constituants nous envoient des signaux. Il est illusoire de définir un système spatio-temporel « tel qu'il est maintenant » car cela reviendrait à admettre que l'information sur les régions lointaines nous sont accessibles instantanément ! Toute description d'un objet cosmique est donc celle de l'objet au temps et lieu cosmiques d'où il a envoyé les signaux. Cela ne veut pas dire que l'objet céleste en question n'existe pas aujourd'hui, mais que le signal qu'il émet maintenant à l'endroit où il est, ne parviendra plus tard sur Terre que lorsqu'il aura parcouru la *distance-durée* entre lui et la Terre à ce moment-là.

Tous les objets présents sur une ligne de visée apparaissent en superposition : proches et apparus tardivement dans l'univers comme nous, ou apparus tôt dans l'univers et lointains, mais on arrive à les distinguer. On les *observe* parcequ'ils émettent des ondes électromagnétiques, de la lumière, du domaine radio au rayonnement gamma en passant par les micro-ondes, les infrarouges ou les ultraviolets et/ou par des ondes gravitationnelles.

L'univers observable a un rayon de *4.10^{26} m* il s'agrandit de *1 a.l. par an* **PLS 330** Il a un volume de *10 000 milliards de milliards de milliards d'a.l. cubes.* Ça a l'air d'être grand !
Le diamètre de l'Univers « observable » est de *93 G d'années* lumière et l'univers « réel » d'après *A Guth*, serait *10^{23}* fois encore plus grand **Boloré Bo**

De la Terre au Soleil

En regardant notre ciel, nous voyons, surtout par nuit noire et *claire*, une partie de l'Univers. Avec de très bonnes « longues vues » et en se plaçant en un point, même hypothétique, où nous pourrions regarder dans toutes les directions, nous devrions avoir l'impression, comme nos ancêtres, d'être au centre d'une **sphère** de rayon peut-être infini ou très important, mais finalement, fini.

Au plus près de nous, vous, je vous vois maintenant à faible distance *d* tel que vous *étiez* dans le passé, quasiment maintenant, la lumière qui émane de vous m'étant arrivée après une durée de *d/c* Cette durée est si faible sur notre *petite* Terre, qu'en dehors des effets de la rotation de la Terre sur elle-même, nous avons le même « temps ». La Terre a pourtant, déjà, un rayon de *6 300 km* et une masse de *6.10^{24} kg.* C'est une planète du système solaire née il y a *4.2 G.a.*

Avant, elle n'était que poussières réparties dans ce système et qui ont formé aussi d'autres planètes : Pluton, Neptune, Uranus, Saturne, Jupiter, Mars, plus loin du Soleil que la Terre et Venus, Mercure plus proches du Soleil..
Pour se libérer de l'attraction de la Terre il faut une vitesse de libération de: *11 km/s*

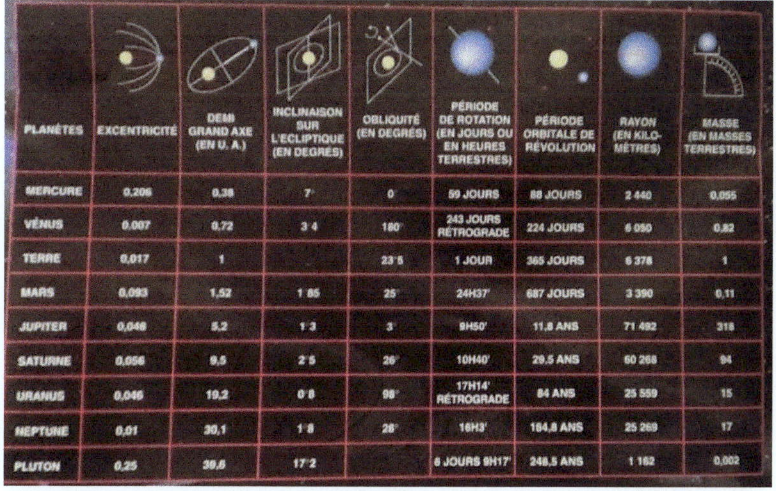

PLANÈTES	EXCENTRICITÉ	DEMI GRAND AXE (EN U. A.)	INCLINAISON SUR L'ÉCLIPTIQUE (EN DEGRÉS)	OBLIQUITÉ (EN DEGRÉS)	PÉRIODE DE ROTATION (EN JOURS OU EN HEURES TERRESTRES)	PÉRIODE ORBITALE DE RÉVOLUTION	RAYON (EN KILO-MÈTRES)	MASSE (EN MASSES TERRESTRES)
MERCURE	0,206	0,38	7°	0	59 JOURS	88 JOURS	2 440	0,055
VÉNUS	0,007	0,72	3°4	180°	243 JOURS RÉTROGRADE	224 JOURS	6 050	0,82
TERRE	0,017	1		23°5	1 JOUR	365 JOURS	6 378	1
MARS	0,093	1,52	1°85	25°	24H37'	687 JOURS	3 390	0,11
JUPITER	0,048	5,2	1°3	3°	9H50'	11,8 ANS	71 492	318
SATURNE	0,056	9,5	2°5	26°	10H40'	29,5 ANS	60 268	94
URANUS	0,046	19,2	0°8	98°	17H14' RÉTROGRADE	84 ANS	25 559	15
NEPTUNE	0,01	30,1	1°8	28°	16H3'	164,8 ANS	25 269	17
PLUTON	0,25	39,8	17°2		6 JOURS 9H17'	248,5 ANS	1 162	0,002

De **notre Terre**, où *65 G* de neutrinos venant de l'univers y sont recueillis par *cm²* et par *s*, *5 200 t* de poussières extraterrestres arrivent chaque année sur Terre PLS 524 nous voyons le **Soleil, notre étoile**, tel qu'il était il y a 8 mn.

Sous l'effet de la gravitation, des poussières d'une nébuleuse se sont rassemblées et ont formé notre étoile, le *Soleil* il n'y a que **4,56 milliards d'années**, ainsi que son disque et son halo. Il s'est formé à partir d'un protosoleil qui tirait son énergie de son effondrement sur lui-même. Il s'est créé en *25M.a*

Énorme boule de plasma chaud de *690 000 km* rayon, le Soleil est un astre turbulent de masse *MS* de *1050* fois la masse de Jupiter (soit *2.10³⁰ kg*). Des bulles de ce plasma mettent *1 à 4* jours pour nous parvenir

Au cœur du Soleil, comme dans toute étoile, ont lieu des réactions nucléaires qui brûlent sa masse (*4 M.t d'H₂/s*) (*600M.t/s d'H en He* **PLS258**) pour produire dans sa photosphère sa brillance et son éclat .La fusion des noyaux d'Hydrogène en Hélium s'effectue soit par action proton-proton (99%), soit par fusion de carbone, azote, oxygène. En son cœur, pour ne pas se contracter, gravité et pression s'équilibrent ; la température est de *15 M d°* et la masse volumique au cœur de *150 g/cm³* ; ensuite c'est *He* qui « brûlera » **PLS 534** À la surface du Soleil où la température est supérieure à *5 000* °C des flammes gigantesques se propagent dans l'héliosphère et le vent solaire est un flux éjecté de particules ionisées, électrons et protons, très espacés et entraînés par les photons émis par le Soleil avec des températures de plusieurs **millions** de degrés ! (rayons X et gamma).

Sous l'effet de la rotation de l'étoile sur elle-même en *27* jours un disque de matière, gaz et poussières est formé entourant l'étoile qui représente plus de *99%* de la masse du système solaire **PLS 508, LR 560**

Rappelons que le *26 avril 1920*, il y a à peine un siècle, un congrès à Washington débattait sur la place du Soleil au centre ou pas du Cosmos!

Vitesse de libération : 600 km/s

Le soleil ayant une masse importante, la déviation de la lumière par le Soleil est de *1,75°* **PLS 242**

Dans *5 G* années le Soleil aura fini de brûler son *H* en *He*. Le soleil va s'effondrer sur son cœur et devenir une *géante rouge* de diamètre *100* fois plus grand englobant la Terre.

Le disque du système solaire est très large, de l'ordre de *4 u. a.* [12] ou plus. Dans la partie du disque proche du Soleil les minéraux oxydes de calcium et d'aluminium se condensent en premier, et, le nuage se refroidissant, des billes de silicates se forment : le disque est là constitué d'astéroïdes pierreux dont les *chondrites* sont les météorites primitives.

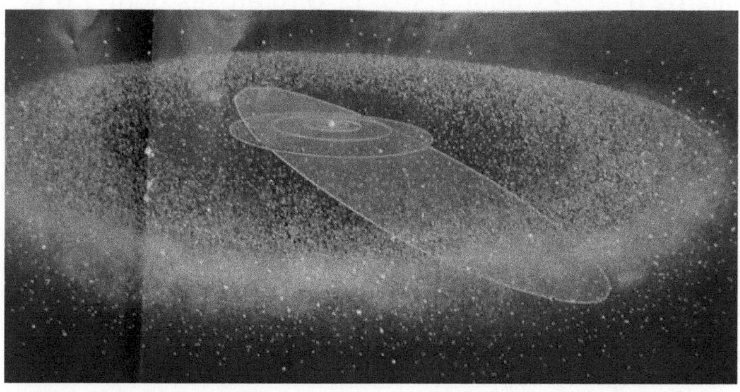

Le système solaire fait partie d'une galaxie, la Voie Lactée.

---

[12] 1 u. a. : 1 unité astronomique = distance moyenne entre Terre et Soleil = 150 000 000 km

Le Soleil est à *26 600* années-lumière du centre galactique et tourne autour de ce centre, dans son héliosphère, en *250* millions d'années à une vitesse vertigineuse.

Voie Lactée

La voie Lactée aurait commencé à se former *800 M.a.* après le Big Bang sv 903 Elle est donc « âgée ».

La Voie Lactée (*cf LR 546, PLS 255*), se présente sous la forme d'un disque immense de *150 000 a.l* de diamètre, (disque de *120 k.a.l.* **LR 896**) sorte de crêpe cosmique de 1000 a.l. d'épaisseur, de structure spirale en quatre branches contenant environ *200* milliards d'***étoiles*** dont *1,3 G.* (2 *G.* d'étoiles dont *1,6 M* de quasars **LR888)** ont été déjà cartographiées, des gaz et de la matière noire essentiellement, formant des **nébuleuses**, et 1% à peine de poussières. Elle a une masse de près de   *1 000 G.* la masse du Soleil. **PLS 503, 546** Le plan galactique a un la forme d'une chips **PLS514**.

La Voie Lactée est composée de *4* bras, dont, l'un le Sagitaire serait cassé à moins qu'il s'agisse d'un *5ième* bras. **LR 896**

Il existe des étoiles *80* fois plus grosses que le Soleil **PLS 321 2004**

Il y a des milliards de planètes et au moins *70* planètes errantes dans la Voie Lactée sv 901

Le centre de la Voie Lactée, ou du **trou noir** Sagitarius A*situé dans la direction de la constellation Sagitaire est à *25 000 a.l.* de la Terre.

Notre galaxie est un point dans l'immensité de l'univers.

Si des extraterrestres existaient dans notre galaxie auraient-ils eu le temps de venir sur Terre ? En supposant qu'ils se trouvent à *5 000 a.l.* dans la *VL*, une civilisation parue il y a *5 G.a.*(sur les *13 G.a.* de la *VL*) serait venue à nous en admettant une vitesse de déplacement à *c/1 000* ! Mais l'apparition de la vie est très rare, la durée de vie d'une civilisation est courte et vivons caché pour vivre **PLS538**

Vue de la Voie lactée enrichie des données les plus récentes de Gaïa.

PLS

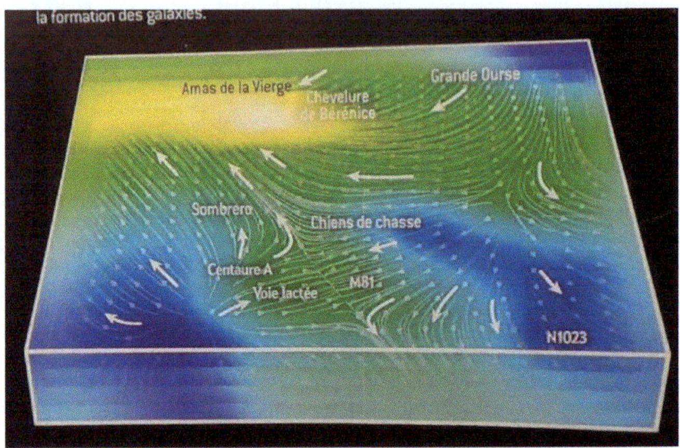

La Voie lactée appartient à un groupe de *60* galaxies, le Groupe local, composante mineure d'une immense super-structure , **Laniakea,** dont les filaments sont bordés de vides, de murs de   *1 G.a.l* ,et avec au centre un grand attracteur *GA* **sv889** Le Grand Attracteur est au cœur de Laniakea **LR 883**

La Voie Lactée, Andromède et ses satellites se dirigent vers le G A à 630 km/s en direction du mur Sud

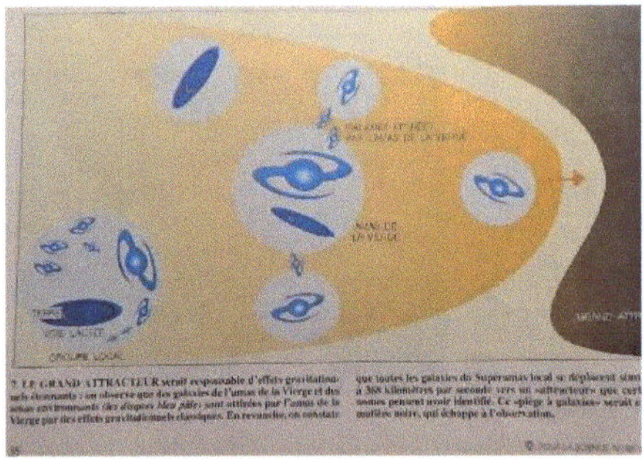

Englobant le système solaire, la galaxie de la Voie Lactée,
l'amas de la Vierge, la Chevelure de Bérénice, le Superamas
groupe Local, c'est le Super-superamas Laniakea (*0,5G .a.l.*)
PLS349

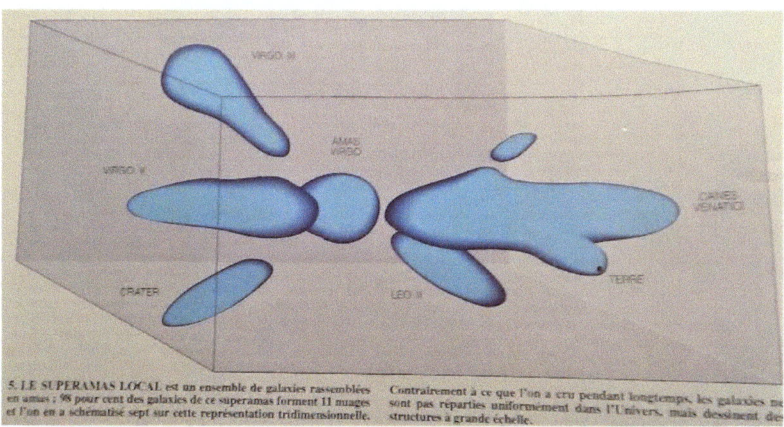

5. LE SUPERAMAS LOCAL est un ensemble de galaxies rassemblées en amas ; 98 pour cent des galaxies de ce superamas forment 11 nuages et l'on en a schématisé sept sur cette représentation tridimensionnelle. Contrairement à ce que l'on a cru pendant longtemps, les galaxies ne sont pas réparties uniformément dans l'Univers, mais dessinent des structures à grande échelle.

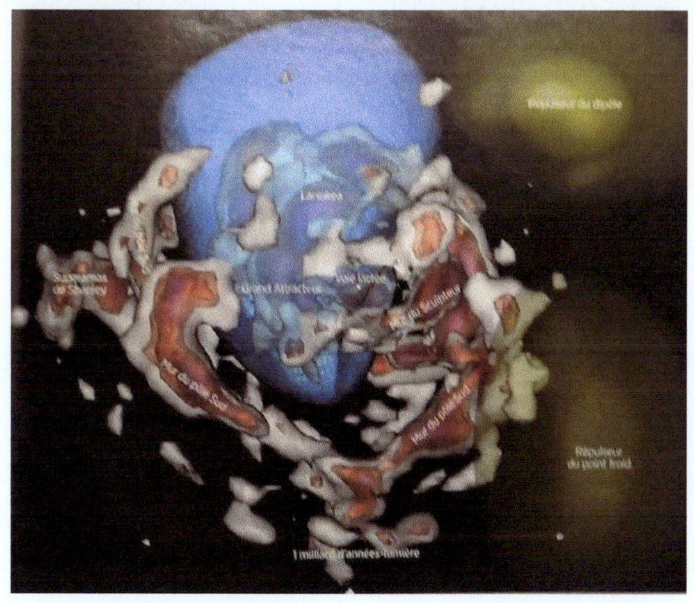

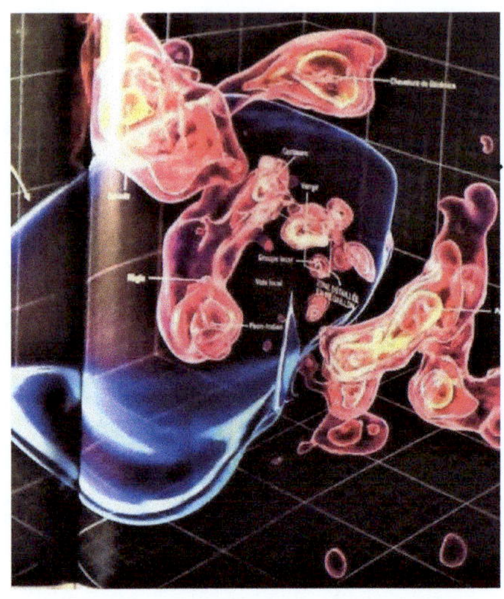

À cause de l'expansion, les galaxies ne font pas que s'éloigner les unes des autres ; certaines sont attirées par des superamas très denses où il y a beaucoup de matière noire ; les galaxies semblent converger vers des points... la Voie Lactée va vers Le Centaure à 100 km/s. Le Grand Attracteur attire son voisinage **LR 893-4**

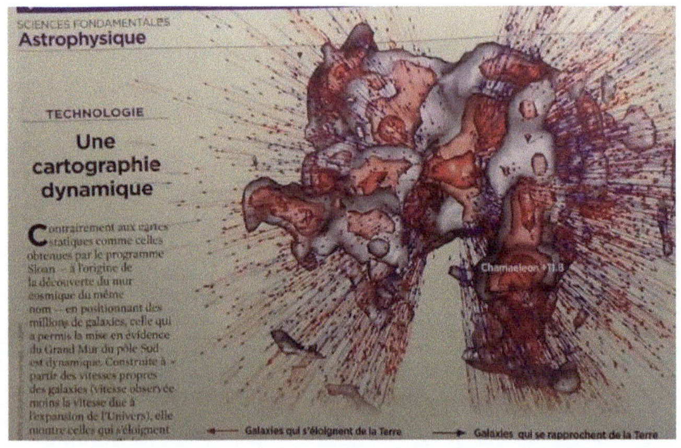

Et plus loin

La nuit n'est pas noire-noire ; elle est micro-ondes : lorsque notre regard se porte encore plus loin que les amas de galaxies, au plus loin, il rencontre, dans toutes les directions, l'image d'un gaz ionisé homogène primordial qui tapisse la voûte céleste; cette lueur invisible (il s'agit d'ondes électromagnétiques de 1 micron à quelques mm de longueur d'onde) qui constitue le fond cosmologique, cartographié à plusieurs reprises **PLS 308**

On a pu « photographier » des zones très lointaines dans l'espace, donc très lointaines dans le temps, âgées de *6 à 11 G* années et capter (par le satellite *Planck)* un rayonnement fossile de *13.7 G* ans. On est allé loin dans le passé de l'Univers.

13 G.a.l. est la distance de la Terre au quasar le plus éloigné connu ; le noyau de cette galaxie existait *670 M.a.* après le Big Bang ; il héberge un trou noir super massif de *1,6 G.* de soleils **LR889**

-13,4 G.a.l. la galaxie la plus lointaine observée est à$10^{14}km$; on voit cette galaxie telle qu'elle était *420 M.a.* après le Big Bang ; elle avait des étoiles gigantesques (de *1000* soleils) **LR 891**

Voici un ciel de datant de *500 M.a.* après le Big Bang

Lorsqu'on remonte le temps, les galaxies se rapprochent à une vitesse de l'ordre de *15 km/s et /million d'années-lumière* ; donc la densité de matière croit, le rayonnement devient plus chaud et dense, la courbure de l'univers plus forte, et la vitesse d'expansion diminue lentement.

En explorant l'infiniment petit à des énergies de plus en plus élevées, nous étudions l'Univers tel qu'il était reculé, là où les lois de la physique étaient plus unifiées **PLS 300**

Ainsi a-t-on pu trouver les constituants les plus élémentaires de notre univers : les quarks, leptons, gluons et autres qui forment les noyaux des atomes, tous les mêmes, dans l'univers, en particulier électrons et photons sans qui la vie n'est pas possible !

Carte de l'univers **et gros systèmes constitutifs**

Des plus grosses structures aux plus petites

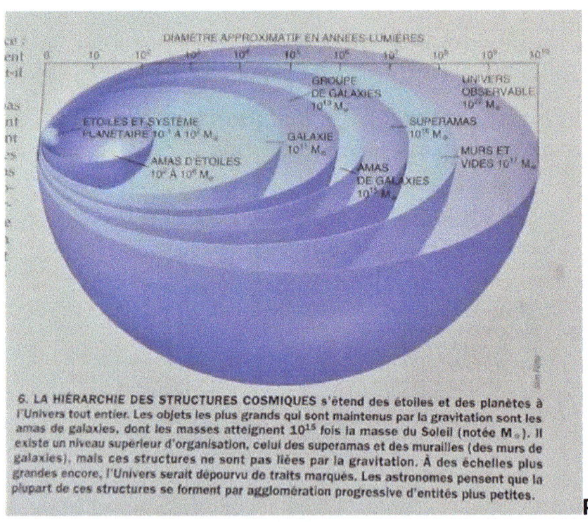

6. LA HIÉRARCHIE DES STRUCTURES COSMIQUES s'étend des étoiles et des planètes à l'Univers tout entier. Les objets les plus grands qui sont maintenus par la gravitation sont les amas de galaxies, dont les masses atteignent 10^{15} fois la masse du Soleil (notée $M_\odot$). Il existe un niveau supérieur d'organisation, celui des superamas et des murailles (des murs de galaxies), mais ces structures ne sont pas liées par la gravitation. À des échelles plus grandes encore, l'Univers serait dépourvu de traits marqués. Les astronomes pensent que la plupart de ces structures se forment par agglomération progressive d'entités plus petites.

PLS256

Le fond diffus de l'univers est produit par l'<u>ensemble</u> des objets célestes qui ont peuplé l'univers. Le spectre des ondes mesurées met en évidence un pic correspondant aux composantes micro-ondes provenant du fond cosmologique, un pic par les poussières galactiques, un autre par les étoiles libres de poussières, un dernier par les trous noirs (rayons X) **PLS297** Il y a de nombreux super amas, des centaines d'amas de galaxies, des centaines de milliers de galaxies et des G d'étoiles, et encore plus de planètes; **PLS349**

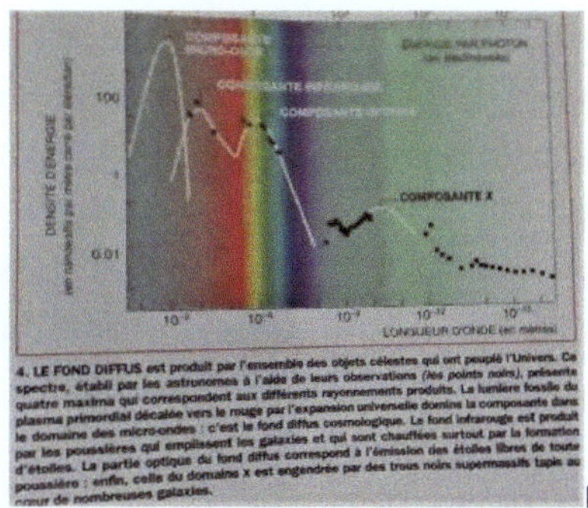

4. LE FOND DIFFUS est produit par l'ensemble des objets célestes qui ont peuplé l'Univers. Ce spectre, établi par les astronomes à l'aide de leurs observations (les points noirs), présente quatre maxima qui correspondent aux différents rayonnements produits. La lumière fossile du plasma primordial décalée vers le rouge par l'expansion universelle domine la composante dans le domaine des micro-ondes : c'est le fond diffus cosmologique. Le fond infrarouge est produit par les poussières qui emplissent les galaxies et qui sont chauffées surtout par la formation d'étoiles. La partie optique du fond diffus correspond à l'émission des étoiles libres de toute poussière ; enfin, celle du domaine X est engendrée par des trous noirs supermassifs tapis au cœur de nombreuses galaxies.

PLS258

Le **<u>vide</u>** interplanétaire du système solaire est intense. Le vide intergalactique est beaucoup plus poussé: la différence de ces vides est celle qui existe entre l'eau et l'air (10 atomes /m^3)

C'est dire que le vide prend le plus de place dans l'univers.

Les **premières structures** immenses de l'univers sont les <u>filaments</u> de matière gazeuse organisés en réseaux. Ce sont des <u>super amas</u> de structure en feuillets, en bulles ou <u>Grands Murs</u> de *G.a.l.*

Ils absorbent de la lumière des corps éloignés (celles de quasars) et contiennent des traces de C, O_2, Mg.

Les amas

Les amas sont plus massifs par rapport aux humains que les humains ne le sont par rapport aux particules subatomiques.

Ils sont composés de beaucoup de matière noire, de galaxies et de gaz intergalactique sous forme de bulles, ballons de gaz où les galaxies sont immergés « comme les pépins dans une pastèque ». Ils s'étendent sur des centaines de *k.a.l.*

Les galaxies tournent autour du centre de gravité de l'amas. Entre les galaxies il y a quantité de gaz chauds et elles émettent des rayons X

Il existe des amas de notre voisinage et des amas plus lointain, des amas jeunes très massifs contenant des galaxies elliptiques

Les galaxies

Sur les *200 G.* de galaxies supposées on a pu en observer *4 M* réparties sur plusieurs *G.a.l* regroupées en longs filaments ou murs bidimensionnels. **LR886**

On a observé pour *la 1ière* fois une galaxie en *1779*

On a cru que la Galaxie *CEERS 93316* était la plus ancienne observée à 320 *M.a.* d'âge mais c'était FAUX du fait de l'expansion de l'univers **PLS 550**

Les protogalaxies sont nées *100* à *250M.a.* après Big Bang avec beaucoup de matière noire.

Formée à partir de nuages d'hydrogène une galaxie contient des milliards d'étoiles, des nuages de gaz et de poussières

Il existe des galaxies anciennes spirales ou elliptiques au passé calme en nombre égal à celui des galaxies observées aujourd'hui : elles ont donc relativement peu évolué.

Les galaxies anciennes bleues, où naissent des étoiles bleues et chaudes, ont formé beaucoup d'étoiles ; elles sont très nombreuses et plus actives que les jeunes galaxies. Des fragments de ces galaxies ont pu ensuite fusionner.

Les galaxies elliptiques semblent encore plus anciennes, formées peu après le Big Bang, en forme d'un ballon de rugby et un centre brillant ; ou plates avec bulbe central.

Les galaxies spirales diffuses ont beaucoup de gaz, peu d'étoiles, sont très abondantes, peu brillantes, ayant peu évolué

Certaines galaxies émettent beaucoup d'ondes radio : les radiogalaxies

Les galaxies de type *II* qui, dans l'univers lointain, un passé reculé, contiennent beaucoup de poussières résultant d'épisodes d'intense formation d'étoiles, possèdent des trous noirs et sont susceptibles d'entrer en collision avec d'autres galaxies

4. CES TROIS GALAXIES SPIRALES montrent pourquoi les galaxies à faible brillance de surface sont si longtemps restées invisibles. Toutes les galaxies ordinaires *(à gauche)* sont plus lumineuses que le fond du ciel nocturne. Dans la galaxie du milieu, le bulbe central et une partie des bras spiraux sont plus brillants que le fond du ciel. Toutefois, presque toutes les galaxies à faible brillance de surface *(à droite)* sont aussi sombres que le ciel nocturne. Des astronomes utilisant des techniques optiques ne peuvent voir cette galaxie : au mieux, ils confondraient son bulbe à peine visible avec une étoile faiblement lumineuse. **PLS234**

71

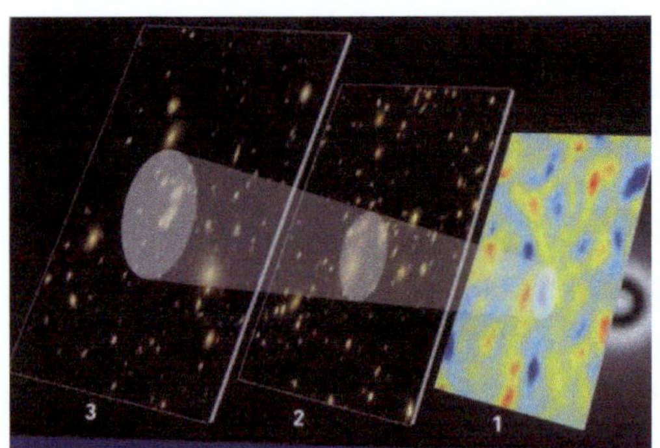

Il existe une « distance privilégiée » entre les galaxies, héritée d'ondes acoustiques produites après le Big Bang (à droite). On la détecte, de droite à gauche, dans le rayonnement de fond cosmologique (1), les galaxies lointaines observées par le projet BOSS (2), et des galaxies plus proches (3).

La nébuleuse NGC 604, vue par le télescope spatial *Hubble*.

La nébuleuse de la galaxie du Triangle au plus près

› Quand ?
Du 15 au 30 novembre, vers 23 h

› Comment ?

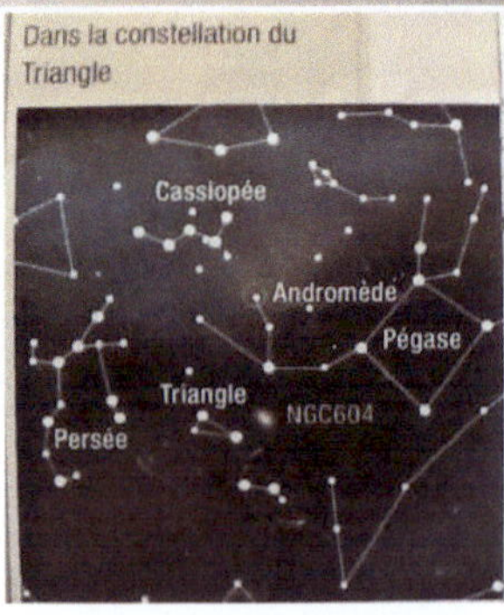

La voie Lacté se dirige vers Vierge. Le Grand Atttracteur
GA est preuve d'existence de beaucoup de matière noire

Un **Quasar** est une galaxie très brillante dont le centre est occupé par un trou noir supermassif qui avale de grandes quantités de gaz qui s'échauffent à son approche **PLS487** En *1997* on a dénombré quelques milliers de quasars, plus de *50 000* en   2003.

Un quasar a un diamètre inférieur à celui du système solaire mais est plus puissant que *100* Voies Lactées à cause du trou noir. C'est une forme juvénile des noyaux de galaxies, un monstre de la préhistoire. Il émet des jets de matière.

Les micro-quasars ont *10 à100 MS*

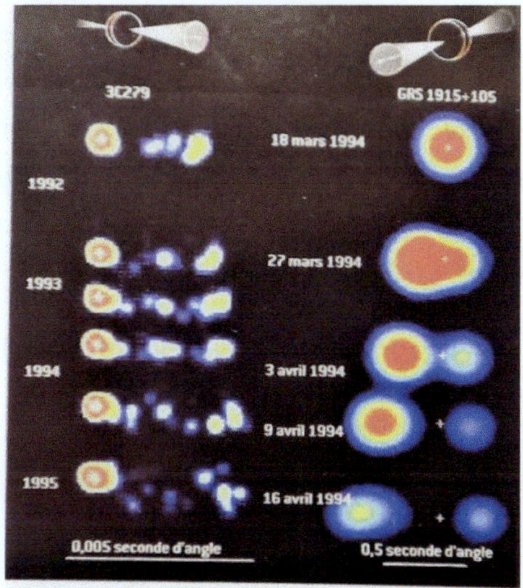

3. Les mouvements supraluminiques sont une des surprises de la dernière décennie. On observe l'expulsion par le trou noir central (croix blanches) de jets de matière aussi bien pour les quasars (à gauche) que pour les microquasars (à droite). À cause de leur distance, les quasars ne révèlent que celui de leurs jets qui est émis vers la Terre, tandis que les deux jets sont observables pour les microquasars (bien que celui qui s'approche de nous paraisse plus brillant). Les éjectats semblent, dans les deux cas, se déplacer plus vite que la lumière. C'est une illusion due au caractère fini de la vitesse des signaux.

PLS304

Les Étoiles

Les premières étoiles apparues dans les protogalaxies étaient des centaines de fois plus massives et des milliers de fois plus brillantes (étoiles de type I).Elles ont chauffé et ionisé la matière environnante formant H_2

Etoiles II de génération intermédiaire les plus nombreuses
Etoiles III : étoiles jeunes riches en métaux (Voie Lactée)

Les étoiles peuvent être classées suivant leur température et leur luminosité

Les étoiles sont alimentées par la fusion de l'hydrogène en hélium, température et luminosité sont conservées pendant des milliards d'années. Une masse de planète ou agrégats inférieure à *8% M(Soleil) = 80 M(Jupiter)* ne peut pas être étoile PLS 531... La durée de vie d'une étoile est d'autant plus longue que sa masse à sa naissance est faible. PLS 534 *Quand la combustion de H est terminée des éléments* plus lourds apparaissent, et à chaque fois le cœur aura une température plus élevée et la surface sera plus froide.

Les étoiles de *100 à250 MS* se désintègrent complètement. Celles supérieures à*250MS* donnent des trous noirs

<u>Super Géantes</u> les plus lumineuses et très chaudes

<u>Géantes</u> moins chaudes que le soleil

Une <u>Géante rouge</u> est une étoile qui a consommé l'hydrogène de son cœur et dont sa surface s'est refroidie à *2500°* SV 903

Une étoile <u>Naine</u> va lui pomper de la matière, très dense et très chaude blanche : c'est une étoile compagnon d'une étoile rouge

Le Soleil est une <u>Naine jaune</u> qui évolue en géante rouge avant de passer à une naine blanche et disparaitre

 Une <u>Naine brune</u> a une masse comprise entre *13* et *80* masse (Jupiter) avec fusion du Déteurium. Elle est froide et peu lumineuse

Une <u>Naine blanche</u> est très chaude et relativement peu lumineuse ; la fusion nucléaire se fait en surface en attirant la matière environnante, la fusion peut être permanente, cyclique ou explosive ; se condensent en étoiles à neutrons ou explosent (supernova) **PLS258**

Vitesse de libération *6000 km/s* pour une étoile de la taille de la Terre

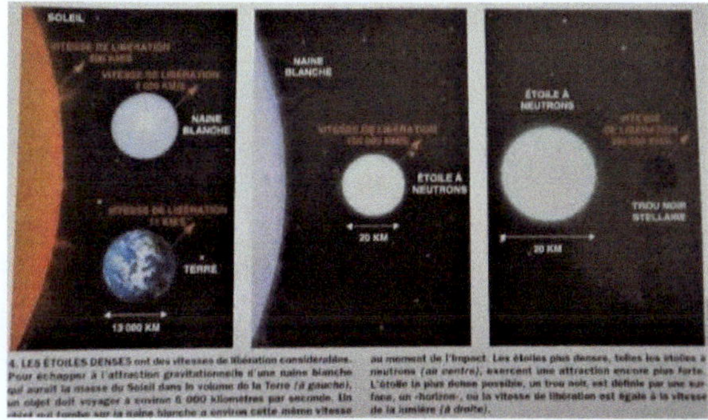

PLS304

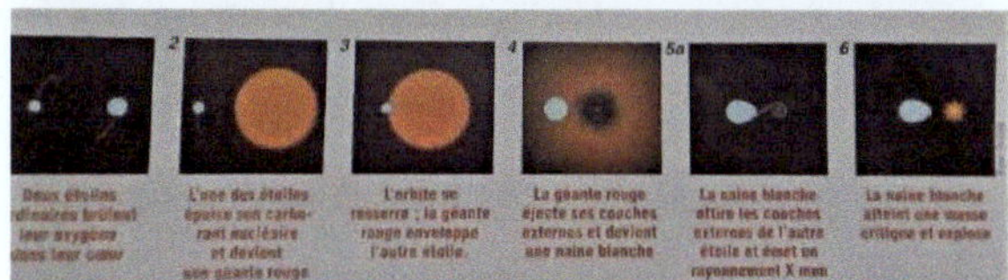

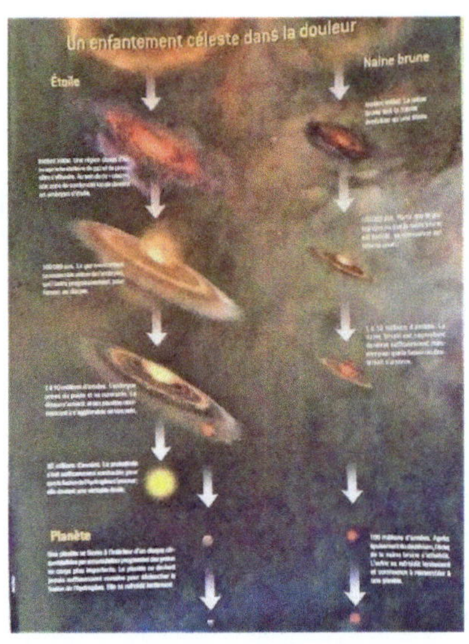

Une supernova *ou pulsar* a explosé en 1604 et vue par Kepler

Une supernova située à *7 G.a.l.* a brillé il y a *5 G.a.* comme *1G*.de soleils et en *1997* on a recueilli   pendant *10mn* une centaine de photons

On a recensé des centaines de supernova ; une a explosé il y a *10 G.a.*

Une supernova est une explosion d'une étoile massive en fin de vie qui est devenue naine blanche qui devient si dense qu'elle s'effondre et il y a implosion du cœur et éjection de particules élémentaires en jets surtout des neutrinos   a lieu quand l'énergie de fusion nucléaire n'équilibre plus les forces de gravitation

Cœur très dense de *20km* en rotation très rapide avec intense champ magnétique, la supernova anime des pinceaux lumineux visibles et gamma et fournit en quelques heures plus de lumière que des milliers, des milliards d'étoiles.

L'émission s'effectue à *1000 km/s* avec une énergie $10^{44}J$;*elle crée* protons et noyaux nucléaires, formation de titane *44* et de Al_{26}

Dans la voie Lactée il y a une supernova tous les 30 ans.

Étoile à neutron

Densité très élevée et vitesse de libération de *150 000 km/s* pour une étoile de *20km* de diamètre

Elles proviennent d'étoiles massives *8 à 20 MS* qui explosent en supernova et dont le cœur s'effondre en masse compacte de particules subatomiques. Sphères de 20 km de diamètre et *1MS* avec une rotation rapide et un champ magnétique intense elles deviennent des *magnétars* ; et avec faible rotation elles sont des *pulsars.*

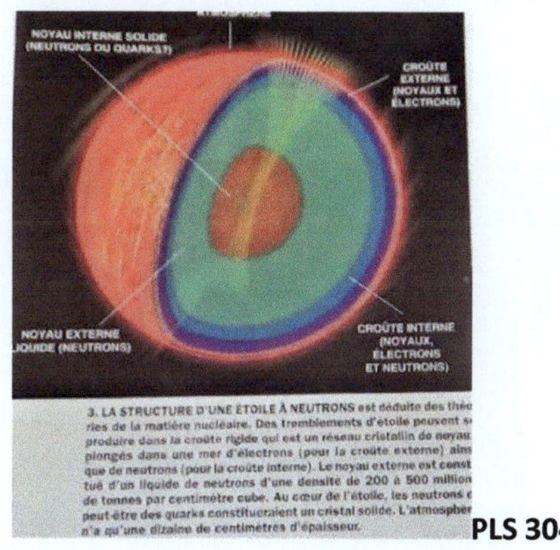

3. LA STRUCTURE D'UNE ÉTOILE À NEUTRONS est déduite des théories de la matière nucléaire. Des tremblements d'étoile peuvent se produire dans la croûte rigide qui est un réseau cristallin de noyaux plongés dans une mer d'électrons (pour la croûte externe) ainsi que de neutrons (pour la croûte interne). Le noyau externe est constitué d'un liquide de neutrons d'une densité de 200 à 500 millions de tonnes par centimètre cube. Au cœur de l'étoile, les neutrons et peut-être des quarks constitueraient un cristal solide. L'atmosphère n'a qu'une dizaine de centimètres d'épaisseur.

PLS 304

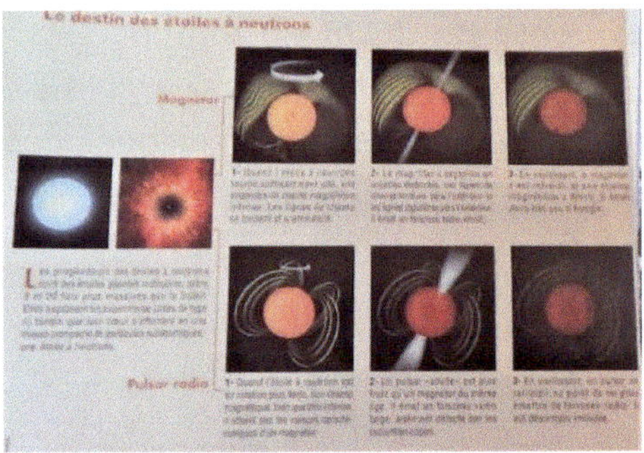

Les champs magnétiques intenses ont des effets importants dans l'univers et sur la matière fondamentale

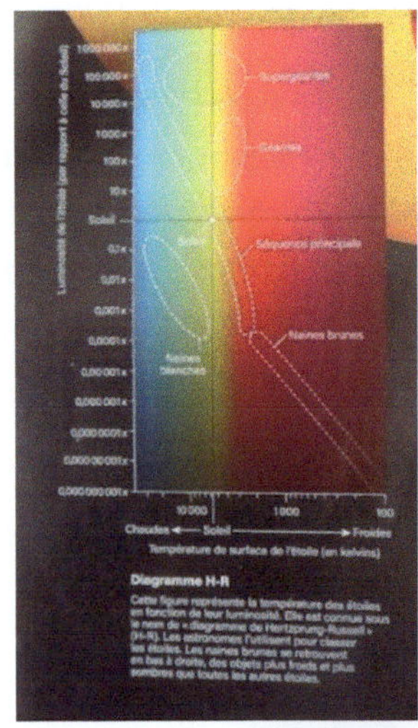

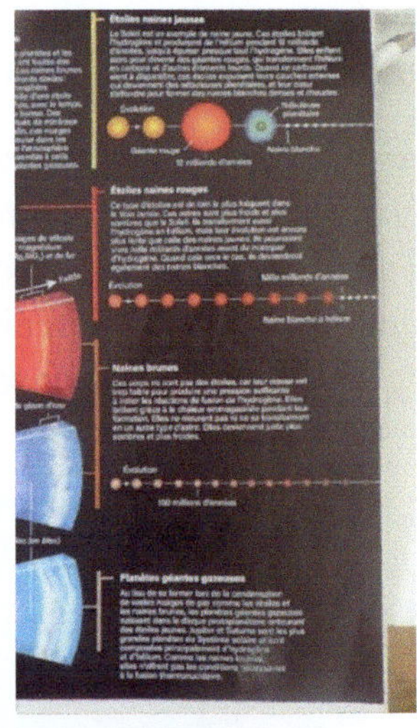

PLS 531

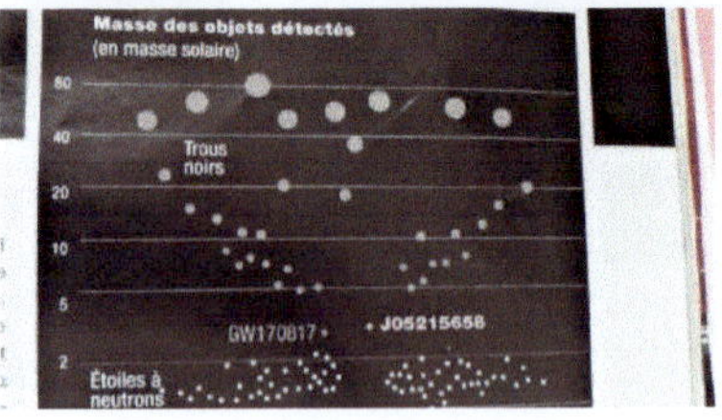

Après les grosses et moyennes structures, il y a les <u>planètes</u>, énormément nombreuses. Chaque étoile peut en avoir plusieurs. Mais peut-on espérer une planète aussi belle et accueillante que la nôtre, la Planète Bleue qu'on martyrise !

Chaque planète, et en particulier la nôtre, est composée de <u>poussières</u> agglomérées qui se propagent dans l'espace, poussières formés d'<u>atomes</u> et molécules ,les mêmes <u>molécule</u>s que celles qui nous servent de support pour créer , dans l'environnement qui est le nôtre, l'Adn, la vie, les animaux, les fleurs et nous !

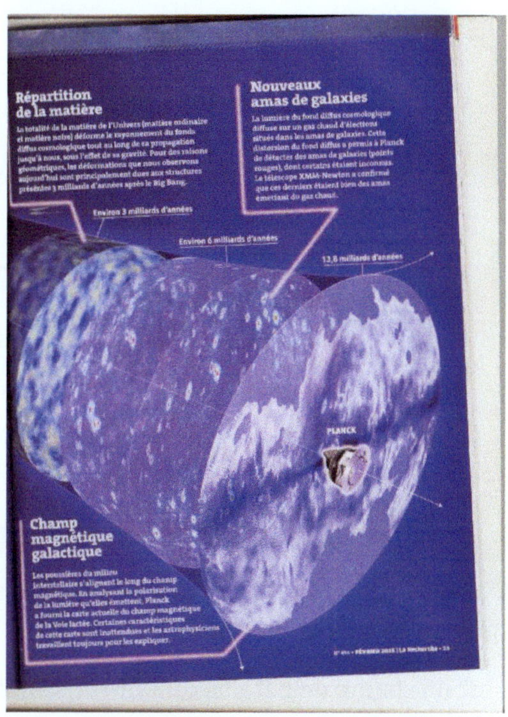

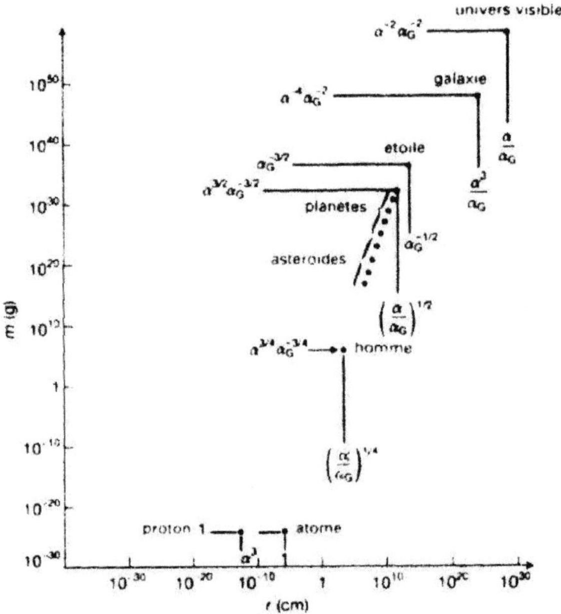

Figure 5.1. — Masses (en grammes) et tailles moyennes (en centimètres) d'un large éventail d'objets existant dans l'Univers. Les structures composées sont des états d'équilibre entre différentes forces de la Nature et leurs tailles approximatives sont déterminées par la constante de structure fine $\alpha = 1/137$ et la constante de structure gravitationnelle $\alpha_G = 5.9 \times 10^{-19}$, que nous avons introduites dans le texte ; la masse et la dimension sont indiquées pour chaque objet, du proton à l'univers visible.

Barrow

Le monde n'est-il qu'une construction de nos perceptions, sensations et souvenirs ? *Shrödinger*

L'univers est un champ de bataille où s'affrontent deux force, l'une répulsive, l'énergie du vide, l'autre attractive, celle des masses-énergie.

L'Univers, en Physique classique, est un *E-T-M confirmé*, mais, du fait de la Physique quantique *le flou quantique nimbe ses origines* Cassé , et espace, durée et matière ne peuvent être divisés au-delà de valeurs inférieures limites, très petites liées à l'action de Planck : l'Univers serait, selon certaines théories, composé de *grains* d'univers.

Alors de quoi est fait notre univers :
d'un champ quantique, somme de champs, où les particules élémentaires sont la manifestation de leurs fluctuations ; ce champ est discontinu, formé de « pixels » quantiques, qui ne sont pas dans l'espace puisqu'ils **son**t les grains de lignes d'univers de *E-T-M*. Un quantum de ligne d'univers est un morceau quantique de destinée; toute destinée *individuelle* est faite de la somme de grains d'existence appelés, chacun, à " passer à" un autre grain. Pour "passer à " il faut qu'une action, une énergie se mette en œuvre pendant la durée de Planck du grain et que cette action soit vraiment réalisée. L'Univers se construit ainsi, peu à peu, une Histoire. L'individu, *particule élémentaire ou galaxie ou étoile ou corps humain, <u>émerge</u>* de la combinaison de ses grains.
Ne peut-on pas alors, d'une part, parler d'un E_D-T_d-MA_r, Espace-distances_Temps-durée_Matière-Action réalisée, ou, comme matière et énergie sont semblables et que l'action est une énergie utilisée pendant une durée, parler d'une notion unitaire *D-d-_A* distances-durée-action?
Où que l'on se trouve dans l'Univers, toute individualité est résultat d'actions dans la durée sur des distances.

Le refroidissement de l'univers depuis le Big Bang où toute la puissance, la potentialité d'actions était concentrée en une énergie considérable, *a fait apparaitre des composants stables de plus en plus complexes interactifs, des atomes aux molécules organiques et à la vie : des sortes de calcul ont été effectués pour construire des structures dont la stabilité fait que les résultats du calcul sont conservés et accumulés . ... L'évolution cosmique est comme un processus de perfectionnement des outils de calcul pour les rendre plus rapides en préservant les résultats de ces calculs dans des structures de plus en plus organisées. Ce n'est pas le contenu en information qui augmente au cours du temps mais le contenu en structures....L' « émergie » (c'est-à-dire* **l'action**) *est la quantité d'énergie nécessaire accumulée pour créer un système.* **PLS 491**

Trous noirs

10 avril 2019 : on a photographié un trou noir : *ils existent bien* ! PLS 502-2019 Rovelli

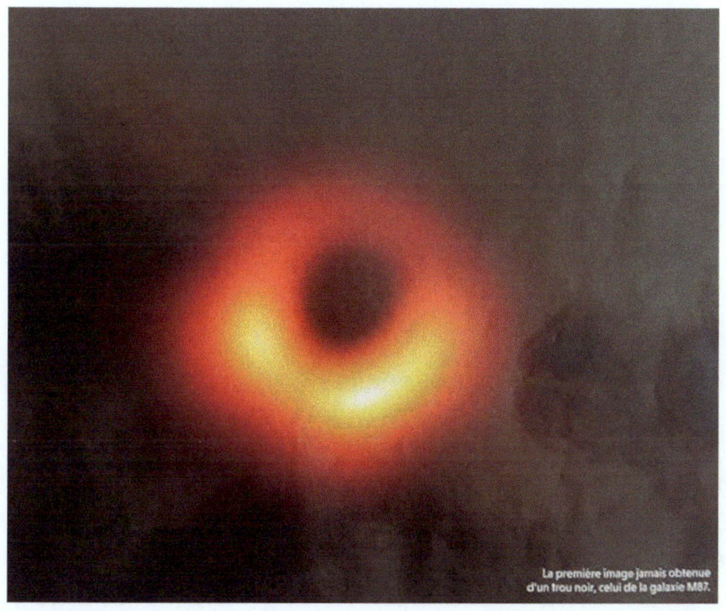

La première image jamais obtenue d'un trou noir, celui de la galaxie M87.

Leur existence est déduite de la petitesse de la zone concernée, de la brillance des masses qui vont être engouffrées et qui se sont réchauffées à l'approche, et surtout du mouvement des étoiles, galaxies et gaz proches ainsi que de la courbure de l' *ET* dans leur environ ; il est donc nécessaire d'avoir une très forte instrumentation pour les détecter. Les observations de l'*EHT* (Event Horizon Telescope) et les détections d'ondes gravitationnelles sont les preuves les plus récentes et les plus directes de leur existence. **PLS 518**

C'est *Laplace* (1749_1827) qui a émis l'hypothèse du trou noir : un corps tellement condensé, au champ gravitationnel si intense, qu'il empêche toute matière et tout rayonnement de s'échapper et donc   invisible.

1915 : *Shwarzchild* calcule l'effondrement gravitationnel

1965: *B Penrose* réémet le concept de trou noir

1969 : *J Wheeler* :   *là où la lumière est captée, ne peut plus s'échapper, rien d'autre ne le pourra non plus.*

1974 : *S Hawking* calcule le rayonnement des trous noirs

Formation des trous noirs

PLS 491-2018, LR N 544 -2019 JP Luminet, PLS 502-2019, PLS HS 106-2020JP Luminet

Comment naissent les trous noirs?

• Un trou noir se forme lorsqu'une étoile en fin de vie a brûlé son carburant et s'effondre violemment sous sa propre masse. C'est un endroit où le temps s'arrête et où l'espace cesse d'avoir un sens ; une singularité de *ET* **PLS542**

En effet l'énergie libérée par la fusion thermonucléaire ne contrebalance plus la gravité de l'astre; alors comme deux masses s'attirent, chaque particule placée vers la surface est attirée par la masse centrale plus grosse qui devient de plus en plus dense et de plus en plus attractive. Il y a **effondrement** gravitationnel et   au centre du trou tombent en spirale d'énormes quantités de matière.

La force d'attraction entre les masses *M* et *M'* distantes de *d* prédite par Newton est :

F= $\mathcal{G}$.M.M'/d^2 $\mathcal{G}$ est la constante de gravitation

La théorie de la relativité générale, *RG*, confirme le processus de gravitation, l'explique et prévoit les trous noirs (*Shwarzchild*)

- Un trou noir peut aussi se former par **fusion** de petits trous noirs et grossir en avalant des étoiles, des gaz, toute matière voisine.

Exemple de formation:

180 M a. après le Big Bang il y a des jeunes galaxies avec des étoiles massives ou un disque de gaz massif sans étoiles

270 M a: une étoile massive explose ou son disque s'effondre sur lui-même et forme un petit trou noir

370 M a: l'explosion a laissé une graine de trou noir et il y a   fusion de plusieurs petits trous noirs

4 890 M a: le trou noir avale la matière environnante et un **quasar** peu lumineux est créé ou le trou noir fusionne encore et un quasar très lumineux est créé.

La formation d'un trou noir, vue par un observateur externe, nécessite de longues durées qui se chiffrent en milliards d'années (*G.a.*).

- Les **protos trous noirs** sont peut-être apparus *1s* après le Big Bang dans les régions denses du plasma primordial quand tout était énergie, mais il n'y a pas de preuve à ce jour **SV 889**

Il y aurait des trous noirs primordiaux des trous noirs intermédiaires et des trous noirs tardifs

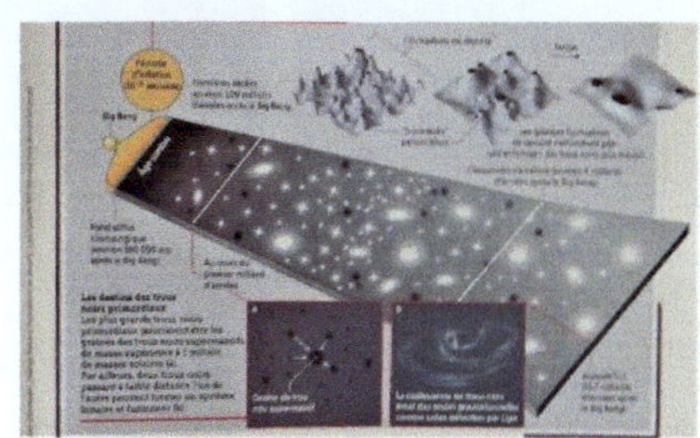

Il y a beaucoup plus + de trous noirs et de fusions de trous noirs qu'on ne le pensait.

Définitions relatives à un trou noir

LR 534 Hawking 2018, Susskind, PLS 502-2019, LR N 544 -2019 JP Luminet, LR 533 2018 , LR 512 -2016, SA LR 884-2020, PLS 505 -2019, LR 533 2018, Riazuelo PLS HS 2020, PLS 507-2020, LR 512 -2016, PLS310-2003, SV 11-2014, PLS 295-2002

> Noir :

Un trou noir est un objet massique de l'Univers dont **la gravité est si forte que rien ne peut lui échapper**, même la lumière : c'est pour cela qu'il est noir !

Les rayons lumineux se propagent en ligne droite dans le vide, mais en *RG* ils sont déviés par la présence d'un astre massif. Les rayons qui passent trop près du trou y sont engloutis et ceux de l'intérieur ne peuvent en sortir.

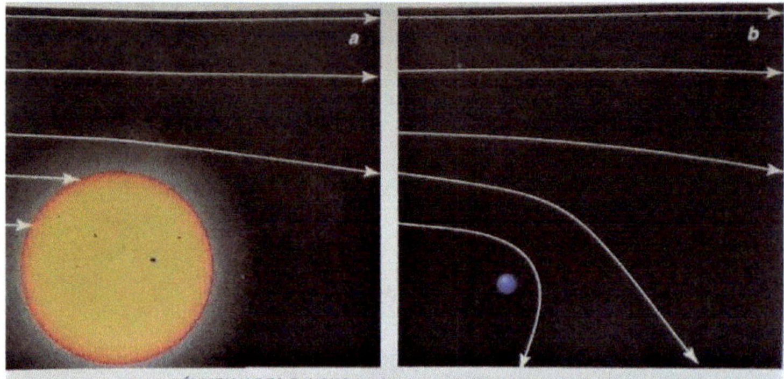

2. LA DÉVIATION DES RAYONS lumineux par le Soleil *(a)* est d'autant plus grande que le rayon passe près de sa surface. Autour d'un trou noir de une masse solaire *(b)*, pour une même distance au centre de l'astre, l'angle de déviation est identique à celui induit par le Soleil. Toutefois, le rayon de l'horizon du trou noir étant très petit (environ six kilomètres au lieu de 700 000 kilomètres pour le Soleil), les rayons peuvent pénétrer dans des régions où la courbure est supérieure, ce qui conduit à de plus grandes déviations. Les rayons qui rasent l'horizon s'enroulent irrémédiablement vers le centre du trou noir.

PLS-2002

> *Horizon :*

Pour se libérer de la gravité terrestre il faut une vitesse de *40 000 km/h* ; pour un trou noir il existe une surface sphérique appelé **horizon** qui délimite une distance à partir de laquelle la vitesse de libération est la vitesse de la lumière *c* ; en-deçà rien ne peut s'échapper. Le rayon de cette surface est le rayon de *Shwarzschild* : c'est une surface immatérielle définie par le rayon et donc qui peut être traversée.

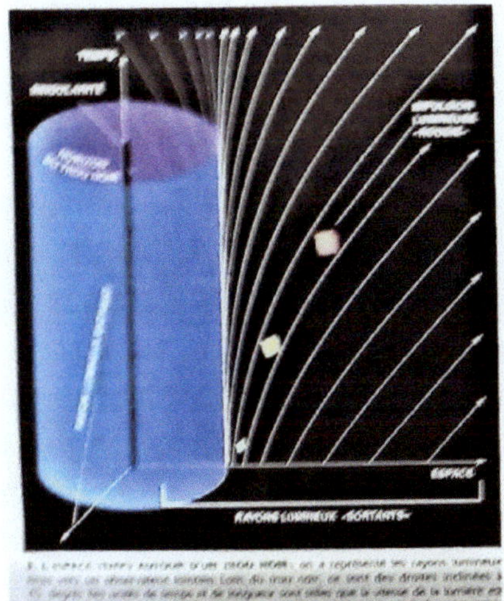

Si on représente l'Espace par un plan (2D) horizontal et le temps par un axe vertical (1D), à un instant donné la sphère de l'horizon du trou noir est représentée par un cercle, et au cours du temps le cercle se développe en tube.

Les rayons lumineux éloignés de cette surface se propagent en ligne droite, ceux proches de la surface mettent plus de temps à s'en éloigner.

Ceux qui longent la surface s'éternisent et ceux intérieurs se rapprochent de la singularité concentrée au centre du tube.

N'oublions pas qu'en (3+1)D c'est la sphère Horizon du trou noir qui se développe dans le temps   *. PLS 2002*

> **Singularité :**

Un trou noir est, en fait, l'astre le plus compact qui soit, une **singularité:** une toute petite sphère là où toutes les grandeurs courbure, température, densité, pression deviennent infinies. C'est une singularité fermée : un trou noir est **fini et localisé**, (alors que le Big Bang englobe tout notre univers et est une singularité ouverte). Avant d'atteindre de très près la singularité la théorie *RG* n'est plus valable : il faut prendre en compte les effets quantiques de la *Th Q*.

Si on représente l'Espace-Temps en 3D (au lieu de 4D)), en

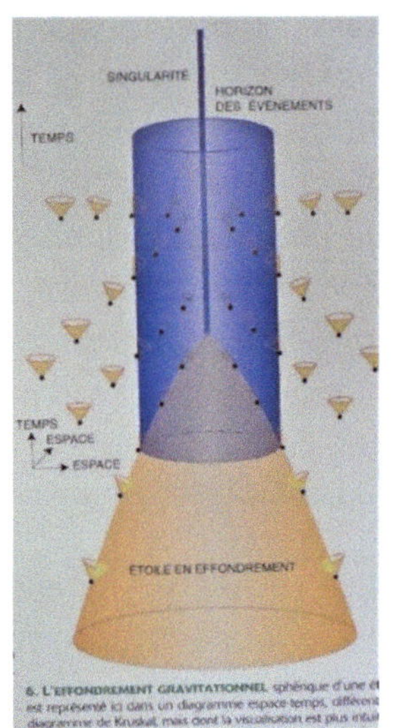

6. L'EFFONDREMENT GRAVITATIONNEL sphérique d'une ét est représenté ici dans un diagramme espace-temps, différent diagramme de Kruskal, mais dont la visualisation est plus intui

tout point du repère 3D de l'Univers l'espace-temps observable est représenté par des petits cônes.

L'effondrement d'une étoile sphérique représentée en 2D par un cercle s'effectue au cours du temps en rétrécissant le cercle, et les cônes d'observabilité vont de plus en plus devenir tangents à l'effondrement jusqu'à atteindre l'horizon des événements du trou noir en formation.

L'horizon créé va se prolonger dans ET, ici en 2D spatial, sous forme d'un cylindre qui perdurera en s'amplifiant toujours, par absorption de matière ou   fusion,   jusqu'à   la   mort   du   trou. Si le Soleil devenait un trou noir, comme la gravité est décroissante comme l'inverse du carré de la distance, les planètes du système Solaire continueraient sur leur orbite comme si de rien n'était, ainsi que le reste de la Voie Lactée.

> ***Trou statique ou à spin***

Un trou peut être en équilibre, statique, ou en rotation ; la vitesse de rotation est son *spin*. Un trou noir de *Shwarzchild* est statique : il a un disque noir parfait. Un trou noir de *Kerr* est en rotation : son disque est aplati.

> **Trou d'information**

Un trou noir est une forme comprimée d'information; en effet un objet contient de l'information: s'il tombe dans le trou l'information est perdue pour l'extérieur et elle s'entasse, avec la matière, dans le trou. Le devenir de l'information contenue est une énigme qui remet en question la *Th Q*.

> **Trous   stellaires,   super-massifs   et intermédiaires**

Il existe trois types de trous noirs : des trous stellaires: de masse une dizaine de *MS* résultant de la mort des étoiles massives, des trous super-massifs de *M. ou G.* de *MS* provenant de fusions, et des trous de masses intermédiaires.
Une onde gravitationnelle qui a voyagé depuis *7 G a* et qui est survenue par la création d'un trou noir de *142 MS* à partir de de deux trous noirs de *66* et *85 MS* à *9,4 G a.l* de la Terre montre qu'à côté des trous noirs de *10 MS* et des trous noirs super-massifs *de G MS* il existe des trous noirs de tailles intermédiaires.

> **Métalicité**

Un trou a une métalicité quand il contient des éléments plus lourds que H et He.

Un trou noir à l'équilibre est **défini par : sa masse, son moment cinétique, sa charge électrique.**

Quelques exemples de trous noirs

-1971 : 1^{ier} trou répertorié: Cygnus X-1
-Un trou de *10 MS* a un rayon d'horizon de *30km* : c'est tout petit.
-Le trou noir LB-1 a une masse de *68 MS*
-La Voie Lactée contiendrait *100 M* de trous noirs, une vingtaine identifiés.
2002 : Trou noir massif au centre de la voie Lactée : SgrA* ;   *4M* *M*S ; R_S (SgrA) = *1 M de km*   L'étoile S2 tourne autour de SgrA en 15 ans
-M87* est un trou noir super-massif : *6,5 G MS* ; son jet est expulsé presque à la vitesse de la lumière ; il a été « photographié » **PLS549**

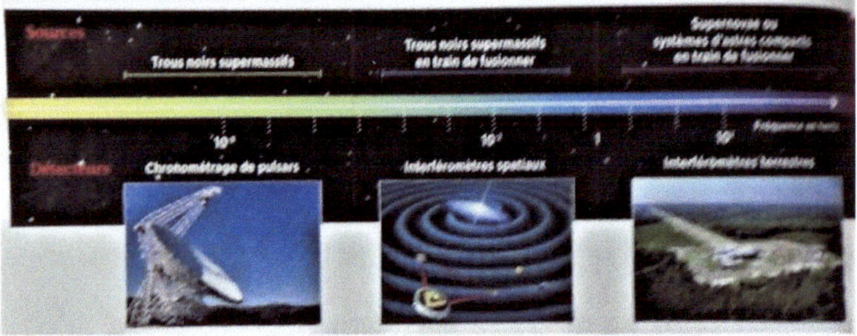

Caractéristiques, Propriétés des trous noirs

LR N 544 -2019 JP Luminet, LR 534 Hawking 2018, Susskind, LR 519 2017, LR 516 2016, LR 533 2018, PLS 507-2020, LR 470-2012, PLS 351 PLS 494-2018, Riazuelo, LR 519 2017, PLS 502-2019 Maldacena, PLS 295-2002, LR516-2016

25 000 trous noirs sont recensés   Il y aurait *4.10^9* **trous noirs** dans l'Univers qui auraient piégé de la matière ordinaire **LRSV 901**

✓ *3* paramètres pour décrire un trou noir : sa masse, sa charge électrique et son moment cinétique lié à sa vitesse de rotation. Mais la matière laisse une empreinte : il existe une mémoire stockée dans le champ gravitationnel du trou noir **SV 903**

✓ L'attraction d'un trou noir ne dépend pas de sa masse mais de sa densité **LR 893-4**

✓ Si *M* est la masse du trou noir le rayon de son horizon est

$$R = 2\,G.M/c^2$$

Un trou noir de *1kg* a un rayon de 10^{-27} m **PLS 321**

✓ À proximité d'un trou noir de *3 MS* **le champ de gravité varie de *1G* fois la gravité terrestre par *m* vers le trou** ; dans les trous super-massifs l'horizon étant très vaste cet effet est peu important mais réapparait en approchant du centre de la singularité.

.

✓ Si le trou a une masse *>100 MS* et qu'il ne tourne pas trop vite, il avale tout **sans fracture ni lumière émise.**

✓ La matière en rotation autour du trou engendre une **émission importante de rayons X,** ultraviolets et autres en moindre mesure. **Un trou noir** émet des rayons X dans une sphère qui enveloppe le disque d'accrétion ; des rayons parviennent directement, d'autres sont réfléchis par le disque à l'avant et à l'arrière du trou noir. Les rayons qui viennent de

l'arrière sont déviés par la courbure de *ET* au niveau du trou
LR 895

     ✓   **_ET_ est très déformé au voisinage d'un trou noir :** alors que sans matière l'*ET* est une trame quasi plane, la présence d'une masse très dense enfonce la trame en la creusant d'autant plus profond et mince que cette mase est importante et concentrée (la gravitation expliquée par *RG*). La lumière qui se propage en ligne droite en *ET* plat a alors une trajectoire déformée et si le creux est si profond comme pour un trou noir la lumière peut y faire plusieurs tours avant de revenir sur l'observateur à moins d'y être engloutie.

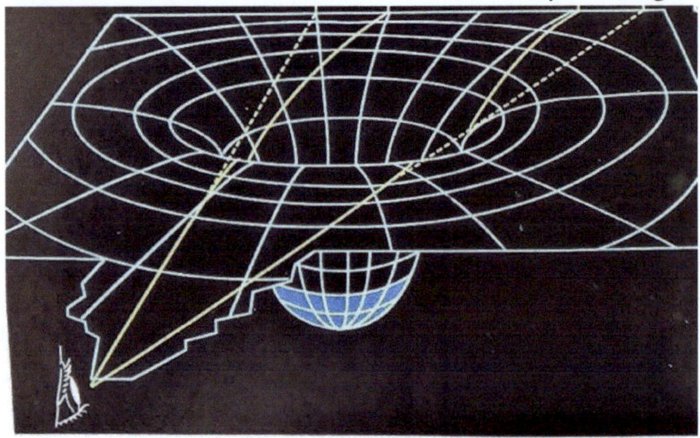

Depuis *Schwarschild* 1915 le trou noir est considéré comme *un monde à part* avec… *horizon absolu des événements* qui *partage ET en deux… Plus la lumière est émise près de l'horizon, plus elle met de temps pour nous parvenir : des phénomènes se déroulant à vitesse normale paraîtraient ralentis, à la limite "gelés" temporellement près du trou… La singularité du trou noir apparaît comme un bord de ET, au même titre que l'infini spatial; elle marque une fin du temps, une absence de futur.*

    ✓ Que se passe-t-il lorsqu'on approche un trou noir ?

En plongeant vers un trou noir à une vitesse proche de celle de la lumière, tout le ciel - même ce qui est derrière nous - se retrouve concentré vers l'avant, en bordure du disque noir.

Fig p43 **LR 533 2018**

A l'approche les distances s'étirent (nos pieds sentent plus l'attraction que la tête, le corps s'allonge) à cause des forces de marée jusqu'à effilochement. Si notre approche s'est fait en spirale notre matière est portée à des températures si élevées qu'elle brille fortement; d'où flash de lumière et éventuellement alimentation du disque d'accrétion. L'intense champ de gravité garantit un aller simple vers l'oubli à tout objet qui s'aventure près de l'horizon. Derrière ce rideau fatidique c'et le plongeon dans le pseudo-tube spatio-temporel du trou vers le centre de la singularité, le trou noir.

L'accroissement de la courbure de *ET* vers la singularité entraine le ralentissement du temps apparent (la durée est dilatée). fig Hawking

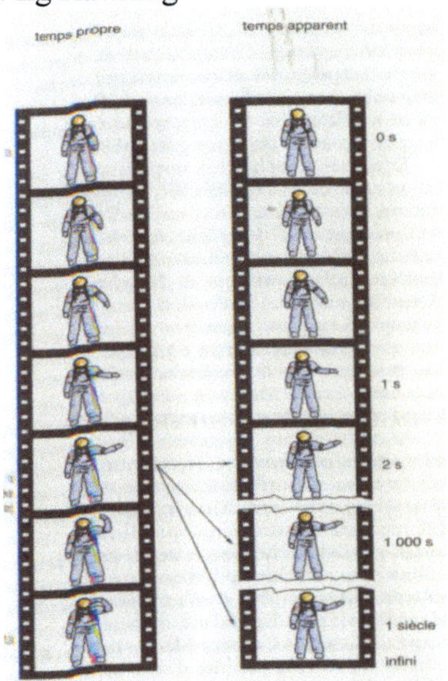

Le temps gelé du trou noir.

Un astronaute décide d'explorer l'intérieur d'un trou noir.

Il fait un dernier salut à l'humanité avant de disparaître.

Une caméra de télévision placée à bord du vaisseau le filme et envoie les signaux à une station orbitale.

Le film de gauche (temps propre) montre la scène telle qu'elle est réellement vécue par l'explorateur.

Au cours du salut, il franchit sans s'en rendre compte la frontière du trou noir (horizon), et son salut s'achève au bout de 1,2 seconde au fond du trou noir (singularité).

La durée du salut est finie.

Le film de droite (temps apparent) montre la scène telle qu'elle est vue depuis la station orbitale.

Au début, les deux films sont identiques, puis le film apparent s'étire indéfiniment, montrant l'astronaute éternellement figé au milieu de son salut.

La durée du salut est infinie.

Toute la quantité d'information (et de matière) contenue dans un trou noir ne dépend que de l'aire de son horizon des événements. La réalité cosmique ne serait, à un instant donné, qu'un hologramme puisque **l'information associée à la matière serait contenue sur la surface de l'horizon** ! L'information ne peut être transmise qu'à une vitesse inférieure à celle de la lumière (*RR principe de localité*) ; donc l'information piégée dans un trou noir ne peut pas en ressortir. Quand la courbure de *ET* est très grande (en présence d'une grande gravitation), une particule d'une paire de particules virtuelles émises par le vide peut être avalée par le trou noir. Son information interne croît.

✓ En dynamique les trous noirs en interaction vérifient *4* lois dont l'une qui spécifie que la superficie *A* de l'horizon des événements d'un trou noir ne peut que croître dans le temps (c'est une sorte d'entropie). L'**entropie d'un trou** proportionnelle à son horizon indique la quantité maximale que le trou a engloutie. Avec des nouvelles symétries dans la théorie *BMS*, on peut calculer l'entropie d'un trou noir.

✓ Mécanismes d'évaporation des **trous noirs** par *Penrose* et par *Hawking* : on peut extraire de l'énergie d'un trou noir, mais il restera toujours une masse irréductible qui ne peut qu'augmenter dans le trou noir…entropie ᴘʟꜱ 487 1974 : D'après la *Th Q* si une paire de particules du vide apparait très proche de l'horizon, il y a autant de particules que d'antiparticules autour du trou noir ; c'est en se recombinant qu'elles émettent des photons qui constituent le rayonnement de *Hackings*. Le photon étant sa propre antiparticule si une paire de photons virtuelle est émise et qu'un photon est avalé il reste un photon externe qui rayonne; d'où un **rayonnement du trou noir**, une radiation thermique (*10^{-7} K* pour un trou de *1* masse solaire). Un trou noir émet un rayonnement ; donc la matière engloutie ressort sous forme d'énergie sans information cohérente or l'information ne devrait pas disparaitre d'après *PQ* ; donc l'information rejetée est cohérente (2004)....contraire à *Einstein* RG... La paire de particules virtuelles créée par le vide près du trou se divise, celle qui tombe s'intrique avec la matière engloutie, l'autre transporte l'information à l'extérieur (modèle de *Horowitz-Maldacena*) . **PLS 321**   Ces particules sont intriquées....celles qui s'éloignent du trou   forment un rayonnement complètement aléatoire **PLS542**

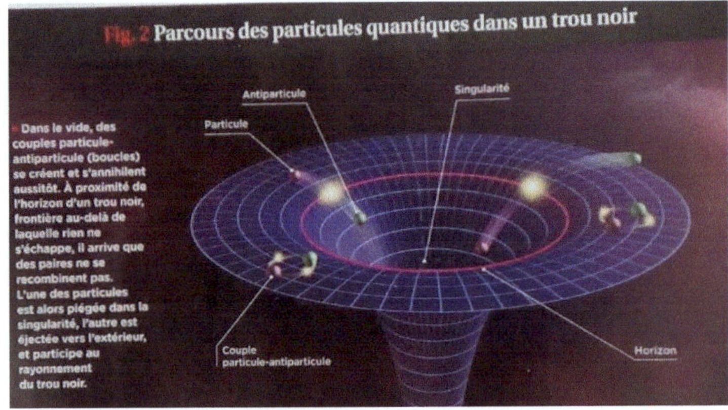

fig 2 p12 **LR 534 Hawking 2018**

D'énormes quantités de matière environnantes s'évaporent peu à peu par le rayonnement de *Hawking*

$$T_H = {}^{PL}h * c^3 / (8 * \pi * \mathcal{G} * M * {}^{Bo}k)$$

est la formule de *Hawkings* qui donne la température du rayonnement qui s'échappe d''un trou noir de masse *M*. Le rayonnement du trou noir se ferait jusqu'à « évaporation » totale ; or le rayonnement de *Hawking* ne contient aucune information liée à la matière qui a pénétré le trou noir ! Ceci est contradictoire avec la propriété d'*unitarité* de la mécanique quantique : un système physique ne peut ni créer ni détruire l'information !

Il faut revoir la *Th Q* ! Les différents modèles émis pour lever ce paradoxe n'ont pas abouti en 2020.**PLS 518**

✓   Un trou noir se forme avec **émission d'ondes gravitationnelles,** prévues par *RG*; ces ondes vont transporter une mémoire des informations piégées dans le trou.
Lorsque deux trous noirs fusionnent le nouveau trou vibre et émet des ondes gravitationnelles par exemple celles perçues le *14 septembre 2015.*

Deux trous noirs en rotation l'un autour de l'autre émettent des ondes gravitationnelles LR **SV 890**

✓   Les trous noirs sont tous habillés de matière gazeuse, d'un **disque d'accrétion** très chaud, ou entouré d'étoiles : le trou allume la matière qu'il attire.
Un trou noir massif peut être à l'origine de jets de matière très lumineux : la matière qui tombe vers le trou noir en tournoyant à des vitesses de plus en plus grandes crée un disque d'accrétion qui émet un rayonnement sur tout le spectre de lumière ; le disque tourne très vite, échauffe la matière environnante; les lignes de champ magnétique s'enroulent et canalisent **2 jets** de matière en sens opposés.
Cette débauche de puissance fait des trous noirs des sources d'énergie efficaces dans le cosmos.

L'extérieur du trou noir s'évapore; dans une flaque d'eau isolée, l'eau finit par s'évaporer : toute l'information est codée dans la configuration des molécules qui s'évaporent.

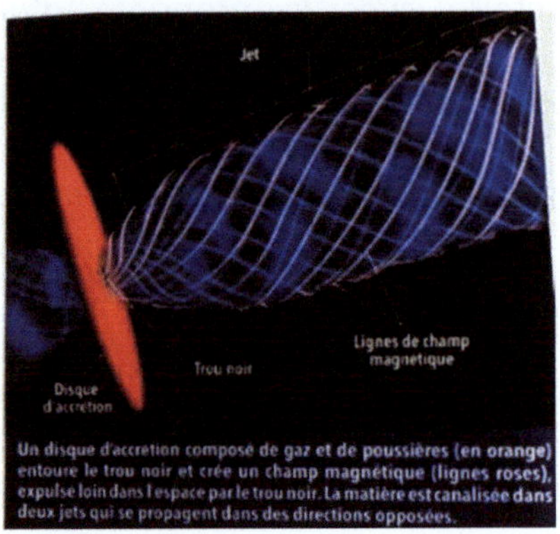

Un disque d'accrétion composé de gaz et de poussières (en orange) entoure le trou noir et crée un champ magnétique (lignes roses), expulsé loin dans l'espace par le trou noir. La matière est canalisée dans deux jets qui se propagent dans des directions opposées.

Quand l'astre avale la matière qui l'entoure le disque d'accrétion tourne plus vite aux abords du trou : il y a frottement entre les anneaux et échauffement, brillance. La matière du disque d'accrétion est entraînée par le trou noir en rotation, ce qui rapproche le bord interne du disque du trou noir ; il peut tourner à *1150 tours/s* max (sinon l'étoile précurseur se serait désagrégée).

Le bord interne du disque d'accrétion d'un trou noir statique est plus éloigné

Le disque d'accrétion de gaz du trou noir SgA+ s'échauffe en tournant à *0.3 c* et émet un rayonnement de photons reçu, ce qui confirme la nature de trou noir de la Voie Lactée.

Les jets de matière des trous super-massifs, appelés noyaux actifs sont accompagnés de formations rapides d'étoiles.

Les trous noirs jeunes transforment en rayonnement une partie de la masse qu'ils engloutissent ; les trous noirs restituent aussi de l'énergie en émettant des jets de matière à des vitesses proches de *c* en particulier lorsqu'ils sont gros et vieux PLS 339

✓ 1981 : un fluide animé d'un mouvement accéléré tel qu'il empêche les ondes sonores de remonter forme un **trou noir acoustique.**

2009 : L'expérience de J *Steinhauer* (Haïfa) dans un condensat de *Bose-Einstein* veut mettre en évidence l'émission du rayonnement de *Hawking* et de la nature quantique de ce rayonnement dans un trou noir acoustique; le condensat est mis en mouvement ; des atomes franchissent le mur du son : y a t il radiation de phonons ?

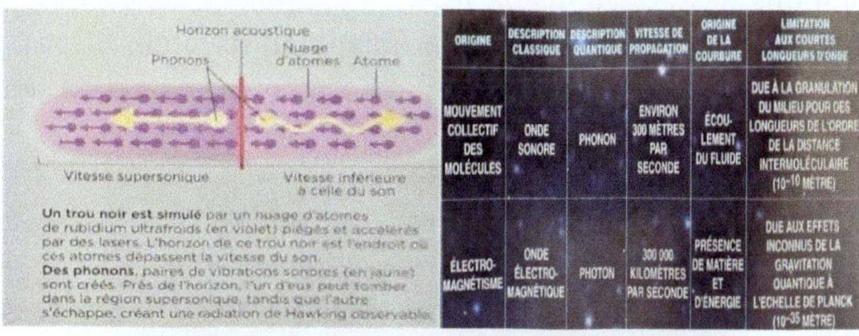

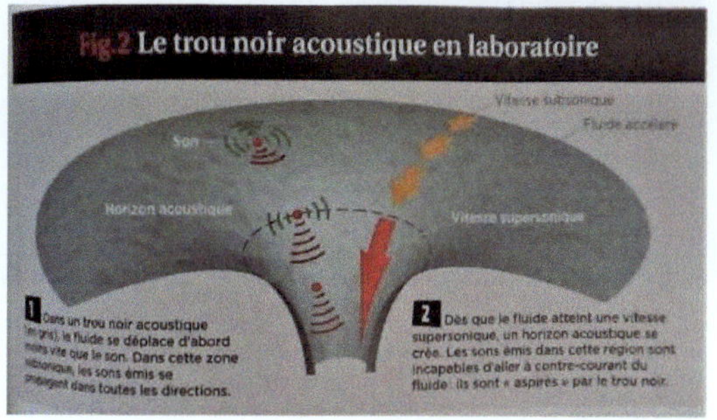

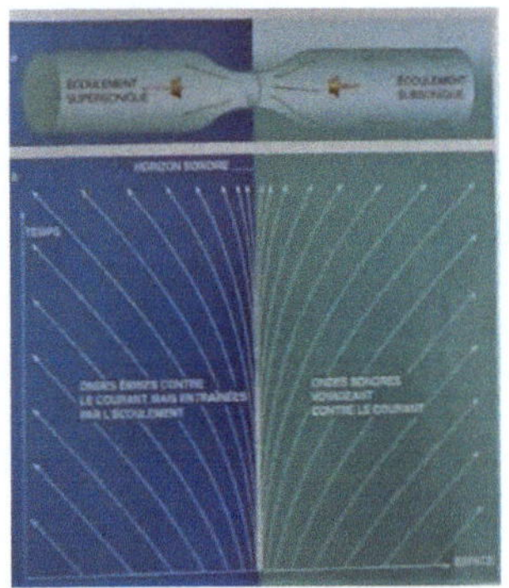 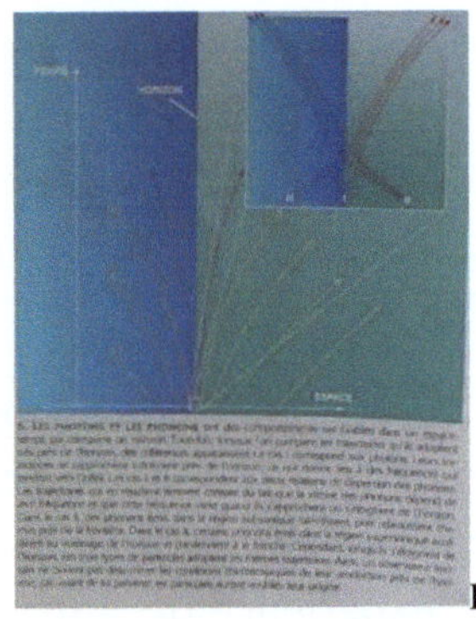

PLS295

2016 : *Steinhauer* détecte ce rayonnement après *4600* expériences les paires de phonons étant reconnues intriquées. Il y a bien rayonnement de *Hawking*.

✓ Les **trous blancs** sont aussi prévus par les solutions des équations de *RG* : un trou blanc expulse de la matière ; à l'approche d'un trou blanc on ne pourrait pas y pénétrer à cause du flot de matière sortante : il faudrait une puissance infinie pour le faire.

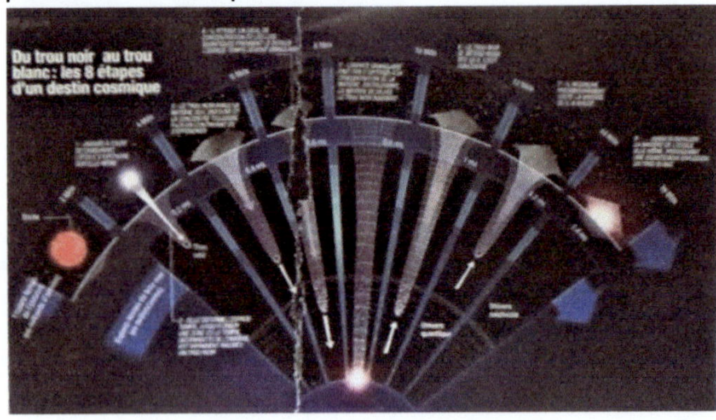

SV 2004

Iles trous blancs sont massifs et dotés d'un champ gravitationnel mais rien ne peut pénétrer au-delà d'un horizon sauf certaines ondes.

Un trou blanc pourrait se former à la fin de vie d'un trou noir qui a accumulé tant de matière que de son espace discrétisé, espace de Planck à densité énorme mais finie, toute matière entrante rebondit. Ainsi au fur et à mesure qu'un trou noir grandit pendant des milliards d'années par fusion ou engloutissement d'astres, le temps est d'autant plus ralenti dans le trou noir ; en quelques millisecondes, pour lui, la masse énorme engloutie s'est concentrée dans un volume très petit $(10^{-35})^3\ m^3$ là où même la *Th Q* n'est plus valable. La matière-énergie pourrait alors être éjectée !

D'autres auteurs prédisent que seuls des trous noirs extrêmement petits ont une chance de se terminer en trous blancs mais ce n'est qu'une question de durée apparente.

Un **trou blanc acoustique** peut être créé par un écoulement dans un bassin au-dessus d'une bosse et création de vagues remontant le courant : les vagues sont bloquées au-dessus de la bosse : c'est le trou blanc –

Trous et information : un objet contient de l'information; avec le trou blanc tout finit par ressortir. Or l'entropie d'un trou est proportionnelle à son horizon et quand le trou s'évapore l'horizon diminue donc de l'information est perdue. Mais cette entropie n'est plus celle de l'information introduite !

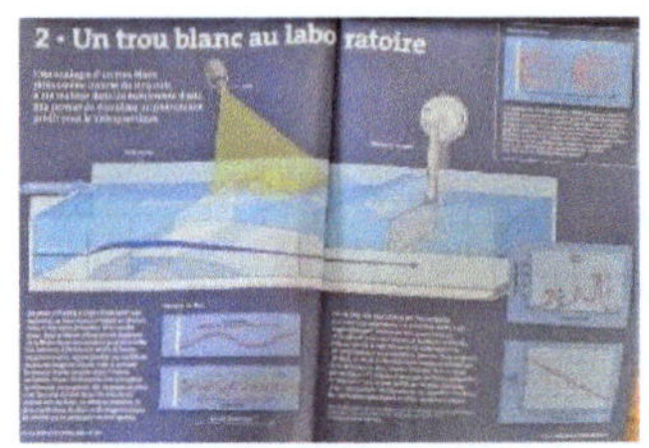

✓ **Les trous de ver** sont prédits par *RG* (*1935 ER Einstein-Rosen*): ce sont des raccourcis qui connectent deux régions de *ET,* par exemple *2* trous noirs. La courbure de *ET* dans un trou noir est très importante ; l'horizon sépare complètement les *2* régions du trou, alors deux trous noirs peuvent être connectés avec le même intérieur mais deux extérieurs distincts dans *ET* (1960) ; cet intérieur est instable s'étire et se rompt (1962) ; ces trous jumelés ne sont pas traversables.

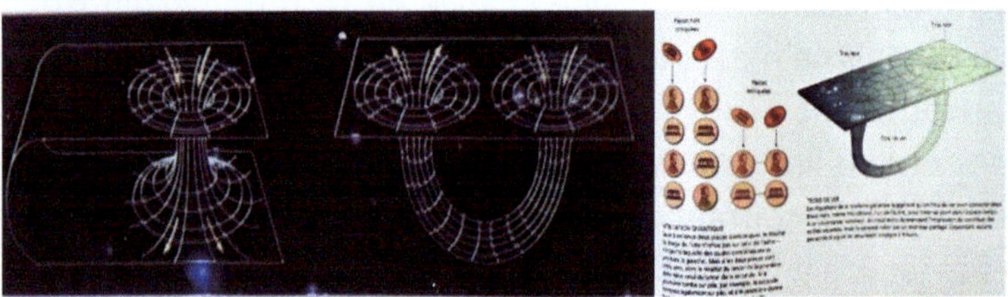

Les trous de ver et l'intrication (notion introduite par *Einstein-Podolski-Rosen EPR*) sont peut-être liés.

Si on les intrique chaque micro-état d'un trou noir peut être corrélé à un micro-état de l'autre il pourrait y avoir connexion physique des trous ; alors *EP = EPR*

ET n'est pas complet : des lignes d'univers s'arrêtent dans les **trous noirs** : des points de l'univers sont ôtés qui n'ont point d'avenir ; et des lignes d'univers n'ont pas de passé au-delà de certains points : les singularités de *Penrose-Hawking* **PLS 487**

Postface

Juste quelques mots pour souligner l'importance des instruments et techniques d'observation et de mesure sur lesquels je suis passé. Les premières spéculations scientifiques ont incité à améliorer les possibilités d'observation, de nos simples yeux, aux lunettes astronomiques, aux télescopes, aux satellites et sondes spatiales... Il faut insister sur le fait que sans résultats probants de l'observation expérimentale, toute nouvelle spéculation théorique concernant l'univers et sur lequel il y a tant de choses à découvrir et à expliquer, est vouée à l'échec. L'étude de ces instruments et techniques est en soi tout un domaine spécifique passionnant à explorer.